GEOMÁTICA

Tecnologías de punta

GEOMÁTICA

Tecnologías de punta

ING. FÉLIX PINTO R.   1ª Edición

Copyright © 2013 por Ing. Félix Pinto R.

Número de Control de la Biblioteca del Congreso de EE. UU.:　　2012908723
ISBN:　　　　Tapa Dura　　　　　　　　　　　978-1-4633-4396-5
　　　　　　Tapa Blanda　　　　　　　　　　978-1-4633-4395-8
　　　　　　Libro Electrónico　　　　　　　　978-1-4633-4394-1

Todos los derechos reservados. Ninguna parte de este libro puede ser reproducida o transmitida de cualquier forma o por cualquier medio, electrónico o mecánico, incluyendo fotocopia, grabación, o por cualquier sistema de almacenamiento y recuperación, sin permiso escrito del propietario del copyright.

Las opiniones expresadas en este trabajo son exclusivas del autor y no reflejan necesariamente las opiniones del editor. La editorial se exime de cualquier responsabilidad derivada de las mismas.

Esta representación artística incluye al laboratorio de ciencias Curiosity Rover en Marte de la NASA, un robot móvil para la investigación de la capacidad pasada o presente de Marte para sustentar vida microbiana. Crédito de la imagen: NASA / JPL-Caltech

Este libro fue impreso en los Estados Unidos de América.

Para realizar pedidos de este libro, contacte con:
Palibrio
1663 Liberty Drive
Suite 200
Bloomington, IN 47403
Gratis desde EE. UU. al 877.407.5847
Gratis desde México al 01.800.288.2243
Gratis desde España al 900.866.949
Desde otro país al +1.812.671.9757
Fax: 01.812.355.1576
ventas@palibrio.com
430164

INDICE

PRÓLOGO 11

CAPÍTULO 1: GENERALIDADES

INTRODUCCIÓN 15
GEOMÁTICA 19
QUÉ ES GEOMÁTICA 20
DEFINICIONES 20
OVIS 26
BASE DE LA GEOMÁTICA 27
ALCANCE DE LA GEOMÁTICA 28
TECNOLOGÍA E INDUSTRIA 31
EDUCATIVO Y PROFESIONAL 34
TECNOLOGÍAS GEOMÁTICAS 34
EN CARTOGRAFÍA DIGITAL 35
TELEDETECCIÓN 38
EN GEODESIA SATELITAL 39
EL SIG DENTRO DE LA GEOMÁTICA 40
EL SIG, ¿ADMINISTRADOR GEOMÁTICO? 41
    INTERNET 42
EL POT: UN CAMPO DE APLICACIÓN EN COLOMBIA, Y SUS VECINOS 44

CAPÍTULO 2: TECNOLOGÍAS TOPOGRÁFICAS

TECNOLOGÍAS TOPOGRÁFICAS 49
EVOLUCIÓN 49
DIGITAL Y ROBÓTICA 50
NIVELACIÓN DIGITAL 50
TOPOGRAFÍA LÁSER 51
EL LÁSER EN EL CONTROL AUTOMÁTICO DE MAQUINARIA 51
EL LÁSER VERDE 51
SOFTWARE DE TOPOGRAFÍA 52
VISUALIZACIÓN EN 3D 54
TECNOLOGÍA GEODÉSICA SATELITAL 59
    EVOLUCIÓN 59

CAPÍTULO 3: TECNOLOGÍA GEODÉSICA SATELITAL

SISTEMAS DE POSICIONAMIENTO 63
    NAVSTAR (GPS) 63
    GLONASS 63
CARACTERÍSTICAS DEL SISTEMA 64
SEGMENTO ESPACIAL 67
SEGMENTO DE CONTROL 67
SEGMENTO USUARIO 67
SEÑALES DE LOS SATÉLITES 68
EFEMÉRIDES 70
PROCESO DE POSICIONAMIENTO 71
TIEMPO REAL 75
FUTURO DEL GNSS (GNSS-GLONASS-GALILEO-COMPAS) 75

CAPÍTULO 4: TECNOLOGÍAS CARTOGRÁFICAS

TECNOLOGÍAS CARTOGRÁFICAS 79
TELEDETECCIÓN SATELITAL 79
EVOLUCIÓN 79
INTERFEROMETRÍA 80
    EVOLUCIÓN 82
TECNOLOGÍA SAR 83
RADARGRAMETRÍA 84
ALTIMETRÍA LÁSER 85
FOTOGRAMETRÍA DIGITAL 86
    EVOLUCIÓN 86
EL PROCESO DIGITAL 88
ORTOFOTOGRAMETRÍA DIGITAL 90
INFORMACIÓN DE LA FOTOGRAMETRÍA DIGITAL 94
EL LÍDAR 96

CAPÍTULO 5: INSTRUMENTOS FOTOGRAMÉTRICOS Y DE RESTITUCIÓN

INSTRUMENTOS 99
FOTOGRAMÉTRICOS Y DE RESTITUCIÓN 99
SENSORES REMOTOS 99
CÁMARAS AÉREAS DIGITALES 102
DESCRIPCIÓN Y CARACTERÍSTICAS 103
COMPONENTES DE LA CÁMARA. DSS 439 104
SATELITALES Y SENSORES 105

LANDSAT -7 (ETM+) 106
SPOT (HRV) 107
RADARSAT (SAR) 107
RADAR INTERFEROMÉTRÍCO 110
DESCRIPCIÓN Y CARACTERÍSTICAS 110
SEGMENTO TERRESTRE 111
COMPUTADORA PORTÁTIL PARA PLANEACIÓN DE VUELO 111
ETAPAS AL DESARROLLAR UN PROYECTO
    CON FOTOGRAMETRÍA DIGITAL 111
SISTEMA DE TRANSCRIPCIÓN 113
PROCESAMIENTO SAR Y GEOCODIFICACIÓN 114
ARCHIVO 115
ESTACIÓN TERRESTRE GNSS 115
SEGMENTO DE VUELO 115
ANTENAS 116
TRANSMISOR/RECEPTOR 117
GENERADOR DE RELOJ, COMPUTADORA DE CONTROL
    Y UNIDAD DE LA RED DE DISCO 118
SISTEMA DE CONTROL DE VUELO 118
APLICACIONES CON RADAR INTERFEROMÉTRICO 118
RESTITUIDORES 119
ESTACIÓN FOTOGRAMÉTRICA DIGITAL 120
DESCRIPCIÓN Y CARACTERÍSTICAS 120
EL ESCÁNER FOTOGRAMÉTRICO 121
    LUZ 122
    MOVIMIENTOS MECÁNICOS 122
    PIXEL 122
    SOFTWARE 122
    PRECIO 123
    APLICACIONES 123

CAPÍTULO 6: LA PRODUCCIÓN CARTOGRÁFICA

RECEPTORES DE POSICIONAMIENTO (GNSS) 129
CLASIFICACIÓN 129
APLICACIONES 131
HARDWARE TOPOGRÁFICOS 134
TEODOLITO 135
DISTANCIÓMETROS 136
COLECTORES DE DATOS 136
EVOLUCIÓN 138
ESTACIONES TOTALES, DIGITALES Y ROBÓTICAS 138
ESTACIÓN TOTAL 139

FUNCIONES Y APLICACIONES 143
NIVEL ELECTRÓNICO DIGITAL... 145
EVOLUCIÓN 145
DESCRIPCIÓN Y CARACTERÍSTICAS 146
FUNCIONES Y APLICACIONES 148
PRÁCTICA CON NIVEL DIGITAL Y AUTOMÁTICO 150
NIVEL AUTOMÁTICO 150
NIVEL ELECTRÓNICO DIGITAL... 151
CONTROL AUTOMÁTICO DE MAQUINARIA.. 152
DESCRIPCIÓN DEL SISTEMA 152

CAPÍTULO 7: APLICACIONES Y SU ENTORNO

APLICACIONES.. 157
TECNOLOGÍA DE PUNTA... 157
GEOMÁTICA Y ADMINISTRACIÓN 158
ESTADO ACTUAL DE LA PROFESIÓN 159
EN LO ORGANIZATIVO 159
EN EL CAMPO DE LAS TECNOLOGÍAS 160
ADMINISTRADORES POR TRADICIÓN 160
HACIA EL DESARROLLO DE LA PROFESIÓN 161
LA GLOBALIZACIÓN... 162
ACCESO A NUEVAS TECNOLOGÍAS 163
MEJOR NIVEL DE REMUNERACIÓN... 163
RECONOCIMIENTO 164
INTEGRACIÓN EN TODOS LOS ÓRDENES 164
REGLAS DE JUEGO CLARAS 164
DISCIPLINA ACADÉMICA 165
LA INVESTIGACIÓN 166
ÉTICA Y LEGALIDAD... 167
LUCHA CONTRA LA CORRUPCIÓN, APLICACIONES
    DE LA INGENIERÍA MUNDIAL. 168
MONOPOLIOS Y CONTRATOS DE EXCLUSIVIDAD 170

CONCLUSIONES... 173
GLOSARIO 179
BIBLIOGRAFÍA... 185

A mis hijos:

Sharick Mariana, Shanna Valentina, Betsy Stephanny, Filix Leiner, Edwar Mauricio y Gerson.

A mi esposa:

Belsy

Y a todos mis colaboradores, los primeros, por tantas horas disminuidas para ellos, y a los segundos, por su gran apoyo en la edición.

PRÓLOGO

Este libro está basado en el proyecto de grado que desarrolló el autor; se plantea un marco conceptual en torno a la Geomática, así como una visión de las tecnologías cartográficas y geográficas digitales, teledetección, geodesia satelital y topografía digital y robótica. Su objetivo es dar a conocer los alcances de esta disciplina y generar inquietudes para futuras investigaciones y aplicaciones de la Geomática en el mundo.

UNA DE LAS DEFINICIONES DE GEOMÁTICA

Es un término científico moderno, es una propuesta tecnológica, científica e industrial, encaminada a integrar todas aquellas tecnologías de avanzada, relacionadas con la geografía, cartografía general de la tierra e información Espacial y del espacio (Topografía, Geodesia, Catastro, Medio Ambiente, SIG, Fotogrametría Digital, Software's, Forestal, Sensores Remotos, Electrónica y Mecatronic, entre otras), caracterizadas en común, por los procesos de sistematización, automatización y electrónica, que llevan el error humano a su mínima expresión, en la obtención de información y generación de productos con la mejor calidad existente. Cuando se pregunta en dónde esta? cómo llegar? cómo es? cuánto hay? cuánto vale? La GEOMÁTICA provee la respuesta: F.P.R.

El término fue acuñado en 1969 por Bernard Dubuisson e integraría todas las ciencias de base y las tecnologías usadas para el conocimiento del territorio.

GNSS

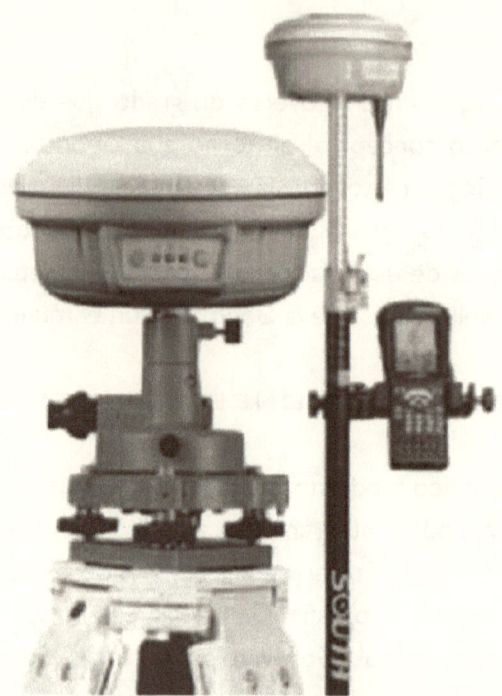

Imagen: S82 de SOUTH

PolaRx4 PRO de Septentrio

CAPÍTULO 1:
GENERALIDADES

INTRODUCCIÓN

Los acelerados procesos de modernización tecnológica en el campo de las ciencias geográficas, resultan cada día más sorprendentes; igualmente, aparecen nuevos términos que enriquecen aquellas disciplinas relacionadas con la información terrestre; uno de ellos es **Geomática.** Hasta hace poco tiempo, muchos profesionales del campo de la topografía, en nuestros países, reaccionaban extrañados ante una palabra que poco o nada significaba en el lenguaje propio de su profesión. Si bien, de Geomática se venía hablando en los países industrializados por cerca de dos décadas, para nosotros era algo desconocido y aún para muchos profesionales lo es.

Estas reflexiones, junto con la oportunidad que tuve de leer un artículo sobre el futuro de los mercados geomáticos, me llevaron a creer en la posibilidad de elaborar un trabajo como proyecto de grado, relacionado con una disciplina muy cercana en cuanto a sus características, a una actividad que me era para nada desconocida, y ha servido para este libro, **GEOMÁTICA**: TECNOLOGÍAS DE PUNTA; en él que se pretende plantear, desde un punto de vista conceptual e integración, junto con una reseña tecnológica de instrumentos de punta, la Geomática.

Se incluyen algunos conceptos que considero permiten tener un marco de referencia en torno al significado y alcance del término Geomática. Igualmente, se enuncian algunas tecnologías propias de este campo y herramientas como el SIG, Internet e intranet, de importancia relevante para este campo.

Posteriormente, se pasa a describir y comentar las tecnologías de evolución al campo de la Geomática: Tecnologías GEOESPACIALES, Teledetección

Satelital y Fotogrametría Digital; Tecnologías Geodésicas- posicionamiento satelital- Tecnologías Topográficas, fotogramétricas y restitución. Geomática y la administración. Incluidas las conclusiones.

Se presenta una reseña de los más importantes instrumentos relacionados con el campo de las Tecnologías Geomáticas: Sensores Remotos, Receptores GNSS, Instrumentos Topográficos Digitales y Estaciones Fotogramétricas, entre otras.

Finalmente, se aborda de una manera comentada la relación Geomática y la administración, planteando aspectos coyunturales para los profesionales del sector geomático.

Desde hace más de 25 años el tema de las tecnologías de punta ha hecho parte de mis preocupaciones profesionales. En 1985 tuve la fortuna de traer a los países el primer teodolito electrónico, sucesivamente otros instrumentos de innovación; y en 1990 en el IV Congreso de Topografía realizado en Bogotá, se dió a conocer el GPS, la tecnología más novedosa de posicionamiento satelital. De alguna manera, considero que así se contribuyó a abrir un espacio para acceder a las modernas tecnologías que en el mundo empezaban a reemplazar los tradicionales instrumentos mecánicos de topografía.

Hoy, con la presentación de **GEOMÁTICA: TECNOLOGÍAS DE PUNTA**, creo continuar con este propósito. Mi objetivo era plasmar el proyecto de grado en un libro técnico y científico; enriqueciendo la base.

Espero que para el gremio de la ingeniería y la universidad, y todas las profesiones ya referidas, vinculadas al mundo de la topografía, geodesia o catastro, entre muchas otras; la lectura de este trabajo sea un aporte valedero, que genere inquietud por el estudio y el conocimiento de una nueva disciplina, fundamentalmente, integradora de los avances de las ciencias geográficas, cartográficas e informática.

Con la cabuya se midieron en la época de la colonia, y antes o después, muchos predios.

Los Incas y similares emplearon la cabuya para la medición de tierras, que aún, en muchos países, dichas medidas son base errónea de negociación.

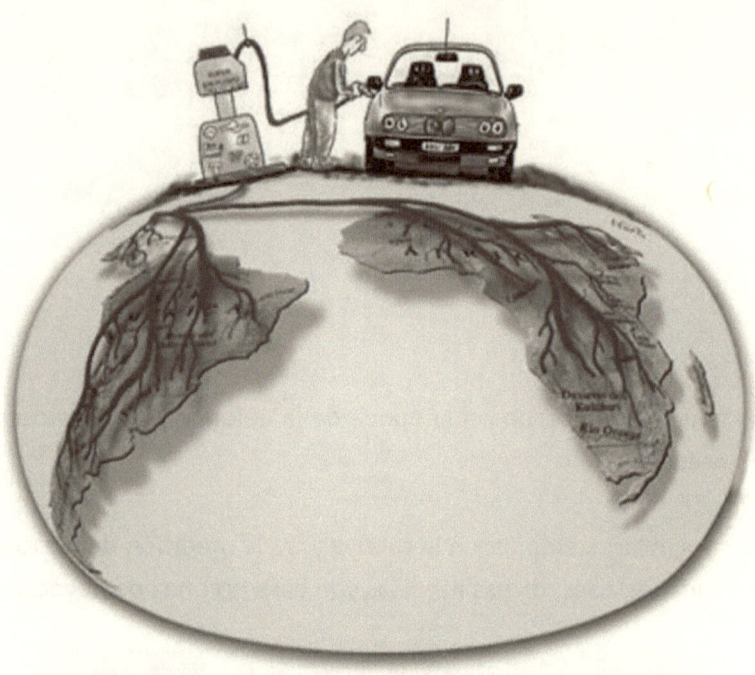

Para una empresa, cualquiera que sea su función, electricidad, infraestructura vial, hidrocarburos, servicios públicos entre otras sus ACTIVOS FÍSICOS: torres eléctricas, puentes, vías, antenas de comunicación y muchos otros.

Estos elementos constituyen el eje alrededor del cual giran las expectativas y preocupaciones de cualquier negocio alrededor del mundo; en el cual la Geomática tiene una participación importante en su integración.

GEOMÁTICA

Nuevas tecnologías invaden las diversas disciplinas relacionadas con la geografía[1]; los procesos óptico-mecánicos vienen siendo desplazados por la automatización electrónica y la digitalización en la captura de información; los satélites y sensores aerotransportados adquieren un papel más relevante. El GNSS con novedosas aplicaciones genera la aparición de nuevos mercados y usuarios.

Todos estos cambios se dan de una manera rápida; así, la Geomática, una palabra hasta ahora casi desconocida para nosotros, comienza también a hacer parte de un lenguaje acorde con las realidades del nuevo siglo.

Inicialmente se presenta un panorama general de este concepto integrador, que si bien tiene sus raíces en la topografía, abarca un amplio conjunto de tecnologías sobre la información geoespacial.

Igualmente, y como objetivo central, plantea un marco conceptual de aquellas tecnologías que hacen parte del campo de la Geomática y que por su novedad y poca aplicación en nuestra región, se constituyen en tecnologías de punta. Se aborda igualmente el tema de los Sistemas de Información Geográfica (SIG) y su importancia frente a las tecnologías geomáticas; la Internet como una herramienta indispensable en los procesos de difusión y acceso a la información. Por último, se plantea cómo el Ordenamiento Territorial puede constituirse en un espacio ideal para la aplicación de estas disciplinas geomáticas.

---

[1] "La geografía trata de la descripción de la tierra; como ciencia, localiza, describe y explica los fenómenos producto de la interrelación dual hombre-tierra apoyándose en las matemáticas y en las ciencias físico- naturales, que entran en contacto con la historia social. La geografía se divide en regional y general, también puede clasificarse en Geografía Física (Climatología, Hidrografía Geomorfología) y Geografía Humana (Económica y Política)". Tomado de: Diccionario Enciclopédico ilustrado, Tomo II. Barcelona. Lexicolabor, labor S.A. 1977. Pag. 432.

QUÉ ES GEOMÁTICA

El término Geomática surgió en el Canadá en 1988, cuando la Asociación Canadiense de Inspección Aérea amplió sus objetivos e incluyó otras disciplinas como la cartografía, la geodesia satelital, los sistemas de información geográfica. A partir de entonces, entró a llamarse Asociación de la Industria Geomática de Canadá (Geomatics Industry Association of Canada, GIAC) y agrupó una amplia gama de empresas caracterizadas por el manejo de la información geográfica y los procesos de integración y sistematización de las nuevas tecnologías frente a las tareas de conocimiento físico e interpretativo de la tierra. En la figura 1, se pueden apreciar las diversas disciplinas científicas que hace parte de la Geomática.

DEFINICIONES

A continuación se incluyen algunas de las más importantes definiciones del término Geomática, que permiten tener una visión amplia de su significado[2].

Instituto Canadiense de Geomática, en la revista *"Geomática"*: La Geomática es un campo de actividades, que mediante un acercamiento sistemático, integra todos los medios necesarios para adquirir y manejar los datos espaciales requeridos como parte de las operaciones científicas, administrativas, legales y técnicas, aplicadas en el proceso de producción y administración de información espacial.

University of New Brunswick, Canadá: La definición de Geomática está evolucionando. La definición funcional podría ser el arte, la ciencia

---

[2] Las definiciones aquí citadas, provienen de diferentes fuentes de Internet, principalmente del conjunto de buscadores.

y las tecnologías relacionadas con el manejo de la información referida geográficamente. La Geomática incluye una amplia gama de actividades; desde la adquisición y el análisis de datos espaciales específicamente ubicados en encuestas sobre ingeniería y el desarrollo, hasta la inclusión de SIG y de tecnologías de detección remota en la administración del medio ambiente, abarca también los levantamientos catastrales e hidrográficos, así como cartografía oceánica, desempeñando un papel importante en el aprovechamiento del territorio.

UF- University of Florida –USA: Geomática se refiere al enfoque integrado de la medición, análisis y gestión de las descripciones y ubicaciones de los datos geo-espaciales. Estos datos provienen de muchas fuentes, incluyendo satélites de órbita de la Tierra, el aire y los sensores marítimos y los instrumentos basados en tierra. Se procesa y se manipula con la tecnología de la información del estado de la técnica.

Geomática tiene aplicaciones en todas las disciplinas que dependen de los datos espaciales, incluyendo la silvicultura, los estudios ambientales, la planificación, la ingeniería, la navegación, la geología y la geofísica. Por tanto, es fundamental para todas las áreas de estudio que utilizan datos espacialmente relacionados, tales como Topografía, Teledetección y Fotogrametría, Cartografía, Sistemas de Información Geográfica, de la propiedad de los estudios catastrales y de posicionamiento global.

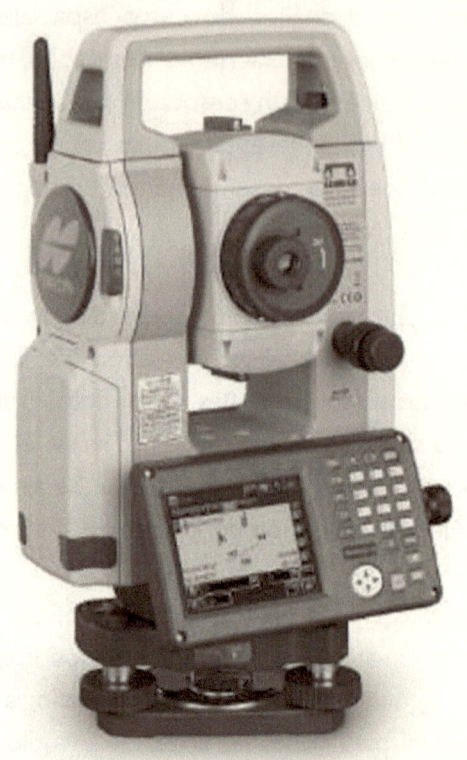

Estacion total OS con tecnología -Topcon MAGNET FIELD

Topcon lanza Magnet™, una solución única basada en la nube y una familia de aplicaciones de software empresarial preparado para la nube. Válido para todos los proyectos de posicionamiento de precisión, la nueva solución de software hace posible la colaboración en tiempo real entre el director del proyecto, los equipos de campo, oficina de personal, y los ingenieros o consultores.

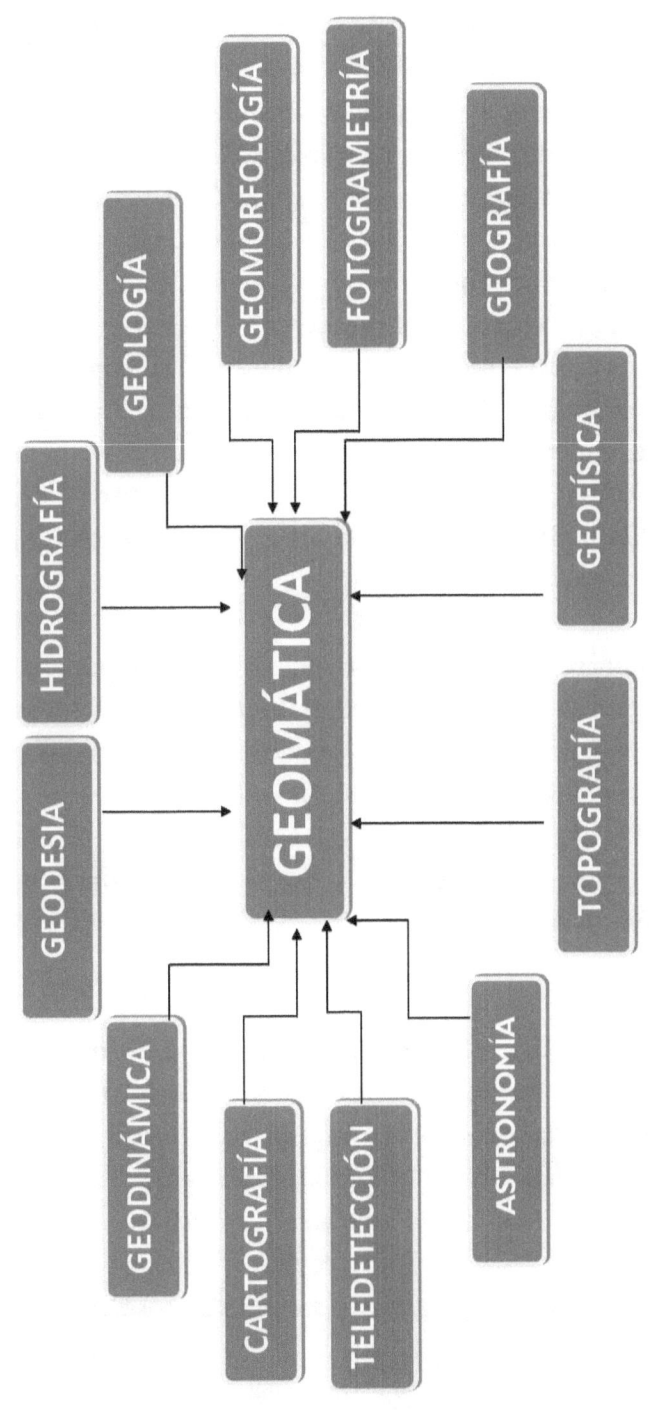

Figura 1: Diseño del autor.

Escuela de Ingeniería Geomática, Universidad de New South Wales, Australia: La Geomática es un término científico moderno, que se refiere al acercamiento integral de medidas, análisis, manejo, almacenamiento y presentación de las descripciones y ubicación de la información basada en la tierra, de vez en cuando llamada información espacial. Esta información se obtiene de muchas fuentes, inclusive la órbita de los satélites terrestres, sensores de transportadores marítimos y aéreos, e instrumentos con base a tierra. Está procesado y manipulado con información de tecnología de avanzada, utilizando el software y el hardware de las computadoras. Tiene aplicación en todas las disciplinas que dependen de la información espacial, estudios del medio ambiente, planeación, ingeniería, navegación, geología, geofísica, oceanografía, desarrollo terrestre, propiedad de tierras y turismo ambiental. Es fundamental para toda la disciplina de la geociencia que utiliza información relacionada espacial.

Departamento de Geomática, Universidad de Melbourne, Australia: La Geomática se refiere a la medida, representación, análisis, manejo, recuperación y presentación de información espacial, concerniente tanto a las características físicas de la tierra como a la estructura del medio ambiente. Las disciplinas contempladas por la Geomática incluyen la ciencia de la cartografía, manejo terrestre, sistemas de información geográfica, visualización ambiental, geodesia, fotogrametría, sensores remotos y topografía.

Departamento Científico de Topografía e Información Espacial, Universidad de Tasmania: La ciencia de la Geomática se refiere a la medida, representación, análisis, manejo, recuperación y presentación de información espacial, y describe tanto las características físicas de la tierra como la estructura del medio ambiente. La disciplina Geomática incluye la topografía, geodesia, sensores remotos, fotogrametría, cartografía, sistemas de información geográfica y sistemas de posicionamiento global.

International Standards Organization: El término Geomática es relativamente nuevo; representa la evolución de las actividades de levantamiento y el mapeo en campo, y reune las actividades más tradicionales como topografía, hidrografía, geodesia, fotogrametría, con unas nuevas tecnologías y campos de aplicación como los sensores remotos, los Sistemas de Información Geográfica, SIG, o los Sistemas de Posicionamiento Satelital, GNSS.

Instituto Geográfico Nacional de Madrid, España: Cuando se hacen las preguntas ¿Qué es?, ¿Dónde está? y ¿Cúanto Hay?, la Geomática provee la respuesta. Todas las decisiones llevadas a cabo por los planificadores, ingenieros y en general, los responsables de las mismas, relativas a la tierra, su entorno y recursos, requieren estudios y análisis de modelos de la tierra en forma de mapas, planos, imágenes terrestres e información digital. La Geomática es por tanto, una actividad basada en la tecnología de la información relacionada con la obtención de información espacial por la medida, análisis, gestión y tratamiento de estos datos. Este conjunto de definiciones citadas, tiene en común una preocupación por la información geográfica y cartográfica, así como por las relaciones que puedan generarse en la obtención de la misma. El concepto de información espacial se puede definir como el conjunto de datos espaciales utilizados en entornos virtuales. Adicionalmente, queda claro que la Geomática es un campo de actividades, que a partir de procesos sistémicos, **integra los diferentes recursos tecnológicos**. Esto nos lleva a plantear que la Geomática está compuesta por todas aquellas tecnologías de avanzada o de punta, que inherentes a la información física de la tierra, se integran con un objetivo: recopilar, manejar, analizar, interpretar y utilizar los datos geográficos, a partir de todas las herramientas de avanzada disponibles.

OVIS

OVIS: Objetos voladores identificados. El autor no cree en los objetos voladores no identificados, tales como: extraterrestres y similares; simplemente por lo siguiente: la distancia entre cualquier capital de Suramérica y Cabo Cañaveral en La Florida, no sobrepasa los 10.000 Kms. Y la distancia entre Cabo Cañaveral y Plutón, es de 5.000 **millones** de kilómetros; por lo tanto, las sondas enviadas, por ejemplo, por Estados Unidos para tomar la cartografía de Plutón, lo cual conlleva a tiempos de desplazamientos, superiores a los siete años; hacen que el autor visualice que hace muchos años, gobiernos como Estados Unidos, Rusia; entre otros, han enviado OVIS a diferentes países.

GEOMÁTICA: TECNOLOGÍAS DE PUNTA

Imagen del documental "Los ovnis de Hitler"

BASE DE LA GEOMÁTICA

La Internacional Federation of Surveyors, reconoció la importancia de la Topografía y adoptó las siguientes definiciones:

1. Determinación de la forma de la tierra y medición de todo lo necesario para establecer el tamaño, posición, forma y contorno de cualquier parte de la superficie terrestre y la estipulación de planos, mapas, diagramas y archivos que registran estos hechos.
2. Localización de objetos en el espacio y la ubicación de características físicas, estructuras y trabajos de ingeniería en, sobre y debajo de la superficie de la tierra.

3. Determinación de la localización de los límites de terrenos públicos o privados, incluyendo las fronteras nacionales e internacionales, y el registro de esas tierras con las autoridades competentes.
4. Diseño, establecimiento y administración de la tierra, y sistemas de información geográfica, recopilación y almacenamiento de datos dentro de estos sistemas, y análisis y manejo de esos datos para producir mapas, archivos, planos y reportes para utilizarlos en los procesos de planeación y diseño.
5. Planeación del uso, desarrollo y redesarrollo de la propiedad y administración de ésta, ya sea urbana o rural, y de tierra o edificios, incluyendo la determinación del valor, la estimación de los costos y la aplicación económica de recursos tales como dinero, mano de obra y materiales, tomando en cuenta los factores legales, económicos, ambientales y sociales pertinentes.
6. Estudio del medio ambiente natural y social, medición de los recursos terrestres y marinos, y la utilización de estos datos para la planeación y el desarrollo en áreas urbanas, rurales y regionales.

En opinión del autor, lo anterior es la base de la definición de la Geomática.

ALCANCE DE LA GEOMÁTICA

Los anteriores conceptos permiten abordar la Geomática desde diversos enfoques:

Integración de las Disciplinas Científicas

La Geomática está fundamentada en los principios informáticos y en la compilación gráfica de la forma planetaria (geodesia, topografía o

GEOMÁTICA: TECNOLOGÍAS DE PUNTA

hidrografía, entre otras ciencias). Esto significa, que para cumplir su papel de disciplina de las diversas ciencias, recurre a los mismos principios por los que éstas se rigen para su desarrollo teórico, tecnológico y práctico. Adicionalmente, surgen en esta actividad procesos de interrelación, dependencia y/o asociación. Ver las figuras 2 y 3.

Actividad Investigativa

Los desarrollos tecnológicos que se perciben a través de las herramientas de última tecnología (radar interferométrico, escáner).

Foto de : José Antonio Ranjel Serrato – fotógrafo aficionado

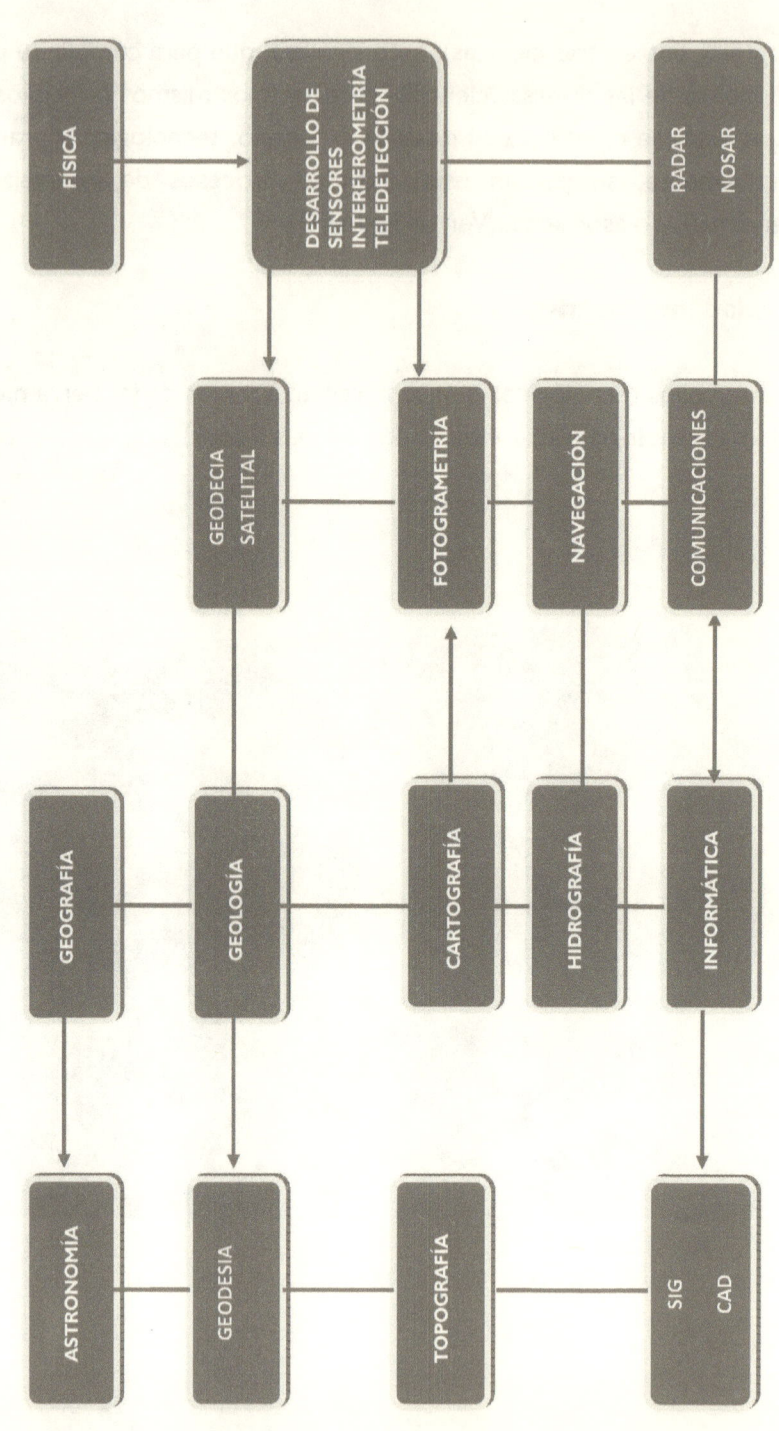

Fig. 2. Diseño del autor

TECNOLOGÍA E INDUSTRIA

La aplicación de los enfoques arriba mencionados es la puesta en práctica, a través de herramientas, de dichos procesos. Las diversas tecnologías y la transformación en productos y servicios de informaciones geográficas exigidos por nuevos mercados, permiten ver a la Geomática desde esta perspectiva.

LA INDUSTRIA DE LA GEOMÁTICA	
• Desarrollo del software.	• Suministro de datos a los gobiernos (Tierra y recursos).
• Desarrollo de hardware funcional.	
• Proveedor de tecnología satelital en;	• Desarrollo de base de datos.
- Hidrografía	• Proyecto de cartografía digital.
- Oceanografía	• Transformación de información de datos en productos y servicios.
- Geología	
- Ambiental	• Asesoría empresarial relacionada con el sector.
• Elaboración de documentos HTML Con imágenes digitales.	

En la última década del siglo XX, el auge alcanzado por los denominados mercados geomáticos en Norteamérica y Europa fue altamente representativo; en Canadá por ejemplo, más de 150 empresas dedicadas a este sector, alcanzaron ventas por más de 2.000 millones de dólares en el último año. Sin duda alguna, este mercado es uno de los de mayor crecimiento en los años 90 y tendrá enorme trascendencia en el presente siglo. La característica principal de esta actividad, será la preocupación por la protección al medio ambiente y la racionalización del manejo de los recursos naturales, en beneficio de las generaciones futuras.

KENNETH CHIPMAN. Nació en 1884. Después de graduarse del Instituto de Tecnología de Massachusetts., comenzó su carrera con el Servicio Geológico de Canadá. Cinco años más tarde, fue asignado a la expedición CAE sobre la topografía del oeste de la península del Artico. Se preguntó… qué territorios desconocidos nos esperan?

Construcción del canal de Panamá

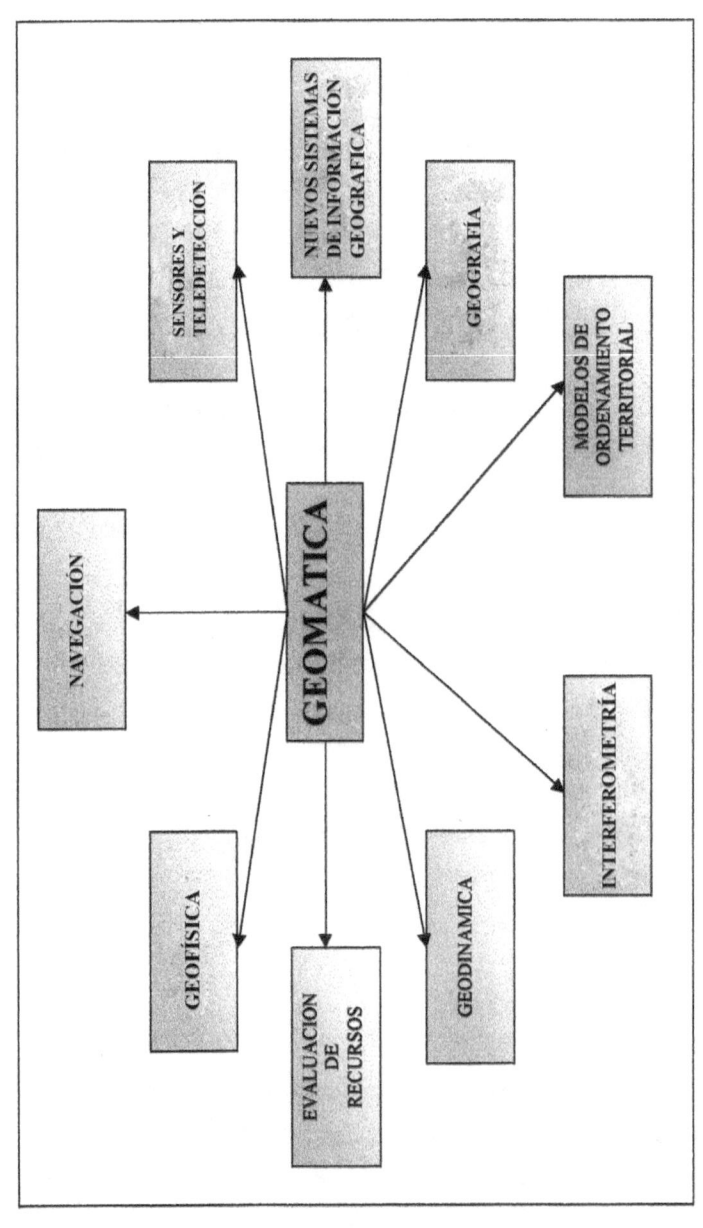

Fig. 3. Diseño del autor

En América Latina, hasta hace poco, la Geomática empezó a tener importancia. Países como Colombia, Brasil, Argentina, Chile, México y Perú, se constituyeron en pioneros de esta disciplina. En estos países existen ya empresas especializadas en los mercados geomáticos; en Chile y México, por ejemplo, hay laboratorios de investigación en Geomática. En las naciones andinas para amplios sectores relacionados con las ciencias geográficas, aún continúa siendo un término totalmente desconocido.

EDUCATIVO Y PROFESIONAL

A nivel educativo, la Geomática se constituye en una experiencia pedagógica interdisciplinaria. Los profesionales especializados en Geomática pueden desempeñarse en áreas como monitoreo y planeación de estudios ambientales; sistemas relacionados con mediciones industriales; manejo de instrumentos robotizados o de visión mecánica; topografía catastral y manejo de instrumentos para trabajos de ingeniería en construcción; cartografía digital y sistemas computarizados en tierra; posicionamiento satelital y sensores remotos, entre otros.

El Ingeniero Municipal: con las tecnologías de punta, éste deberá convertirse en Ingeniero Geomático. Es el llamado en los municipios o municipalidades a integrar toda la información de su territorio.

TECNOLOGÍAS GEOMÁTICAS

Hablar de tecnologías de punta, es describir el conjunto de procedimientos, (plasmados en sus respectivas herramientas), que en una disciplina científica se constituyen en el más reciente avance hacia un mayor desarrollo y calidad en la obtención de un fin. Las tecnologías digitales o el mismo término de Geomática, por citar un ejemplo, hasta ahora empiezan a tener manejo un poco más generalizado en los países latinoamericanos, y en esto el papel de los medios de comunicación electrónicos han jugado un roll fundamental (principalmente Internet).

La tecnología se denomina digital cuando, "se basa en el principio del muestreo, que consiste en medir a intervalos regulares el valor que tiene una magnitud continua y transmitir ese valor en forma de número, en lugar de enviar la señal original. Así lo que se transmite son largas series de números, que al llegar al destino se utilizan para reconstruir una señal equivalente a la original[3]".

A continuación, algunas de las más importantes tecnologías que en las diversas disciplinas relacionadas con la Geomática, se pueden considerar como de punta, por sus características de sistematización, automatización, digitalización y desarrollo electrónico, que han llevado el error humano a su mínima expresión. En los capítulos siguientes se hace una descripción con mayor precisión de estas tecnologías y en el tema de Instrumentos, se describen algunos equipos. En la figura 4 se señalan las tecnologías geomáticas caracterizadas por el empleo de tecnología digital.

EN CARTOGRAFÍA DIGITAL

Fotogrametría digital

En cartografía digital, encontramos que la fotogrametría digital es una técnica de producción de mapas mediante el uso de cámaras aéreas digitales, sensores satelitales, imágenes de radar o cámaras con geometría espacial. Las imágenes obtenidas son procesadas por medio de un escáner fotogramétrico de alta resolución, obteniéndose información de áreas u objetos en 2 o en 3 dimensiones.

---

[3]   MOVITIENDA NOTICIA. Qué es la Tecnología Digital: www.movitienda.es/noticias.

El trabajo fotogramétrico parte de la captura de imágenes (bien sea con captura de fotografías digitales o con información satelital) sobre la zona que se desea analizar. Luego, mediante un escaneo o barrido efectuado con un escáner fotogramétrico, se genera la digitalización en formato ráster. Posteriormente, al sobreposicionar longitudinalmente dos imágenes digitalizadas, se pueden efectuar las tareas de orientación interna, relativa y absoluta; con esta orientación se obtiene el Modelo Digital del Terreno (en inglés: DTM – Digital Terrain Model), de acuerdo al intervalo definido por el usuario.

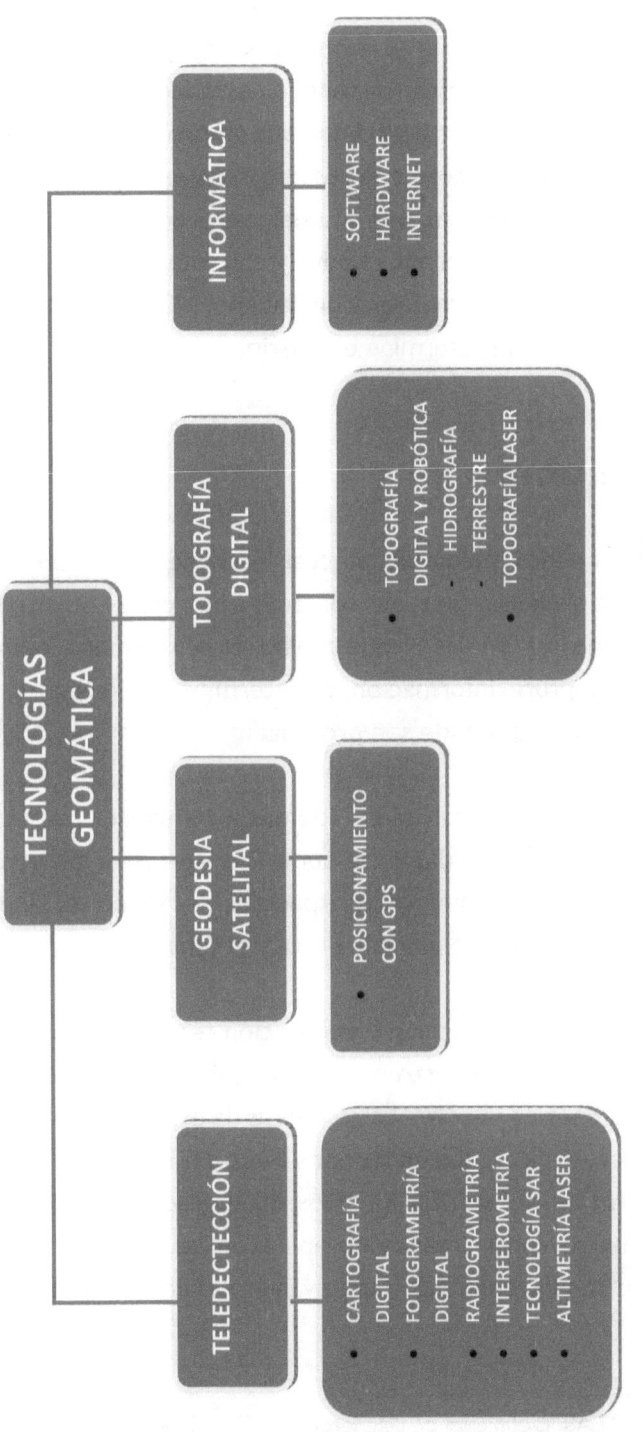

Figura 4. Diseño del autor

El trabajo fotogramétrico parte de la toma de fotografías o imágenes de satélite sobre la zona de estudio; luego, mediante un escaneo o barrido, utilizando un escáner fotogramétrico digital, se desarrolla un proceso de digitalización en formato ráster. Posteriormente, con dos fotografías o imágenes ya digitalizadas sobreposicionan longitudinalmente (modelo estereoscópico) y se adelantan las tareas de orientación interna, relativa y absoluta. Una vez orientados los modelos se obtiene el Modelo Digital de Terreno, MDT, automáticamente, de acuerdo al intervalo que determine el usuario.

TELEDETECCIÓN

Es el procedimiento mediante el cual se hace un reconocimiento o identificación a distancia, sin tener contacto físico con el objeto de interés. El procedimiento es similar al que realiza el ojo humano cuando sobre una pantalla: captura información o determinadas imágenes, para ser trasladadas al cerebro, donde son procesadas.

La palabra teledetección se refiere además a "la técnica de adquisición y posterior tratamiento de datos de superficie terrestre provenientes de sensores instalados en plataformas espaciales, en virtud de la interacción electromagnética existente entre la tierra y el sensor[4]"

Las tecnologías de teledetección o percepción remota, son aquellas que se adelantan con la ayuda de instrumentos o equipos denominados sensores remotos (imágenes de satélite). Las primeras de estas características fueron las cámaras fotográficas, que en los años 30 con el desarrollo de la aviación se convertirían en aéreas. En los años 60 y gracias a las exploraciones espaciales que se venían realizando aparecen las plataformas satelitales, con sensores multiespectrales. Este avance resultaría definitivo para una

---

[4]   GRUPO ATLAS. Definición de teledetección. Pág. 1: www.grupoatias.com.

nueva tecnología: la teledetección espacial, que es hoy de gran importancia en los estudios de fenómenos ambientales y en la obtención de información geográfica de la tierra.

EN GEODESIA SATELITAL

La más importante tecnología desarrollada hasta hoy en el campo de la geodesia es el Sistema de Posicionamiento Satelital, surgido de las investigaciones militares en Estados Unidos y Rusia, encaminados a desarrollar un procedimiento para determinar la posición de puntos terrestres mediante el uso de satélites.

El sistema de posicionamiento satelital es el método de obtención de coordenadas basado en señales de radio, procedentes de una constelación diseñada para tal fin; es utilizable en cualquier lugar del mundo las 24 horas del día sin importar la condición atmosférica.

Las observaciones son procesadas para determinar una posición, de acuerdo con un sistema de coordenadas cartesianas (X, Y, Z) y geodésicas con origen en el centro terrestre, las cuales pueden ser convertidas a coordenadas de otros sistemas. Con una adecuada conexión del geoide y de altura ortométrica, pueden ser calculados puntos con elevaciones desconocidas. El sistema tiene un recorrido en un solo sentido y la onda a medir es transmitida por el satélite; un receptor con su antena recibe la señal y el software en el receptor asigna un tiempo determinado para el dato y corrige errores y ambigüedades en las fases.

En Geodesia satelital, la tecnología digital y robótica que actualmente presentan los modernos equipos topográficos (tanto para aplicaciones terrestres como hidrográficas), tienen como característica principal el desarrollo y perfeccionamiento de los sistemas óptico electrónicos, con los pequeños y potentes microprocesadores y la reducción en un alto porcentaje de las estructuras mecánicas para dar paso a los circuitos integrados. A esto se agrega el manejo de sofisticados dispositivos de control remoto, la incorporación de sistemas satelitales de posicionamiento y comunicación que convierten a los equipos tradicionales de levantamiento en herramientas obsoletas frente a tecnologías de lectura y captura de datos digital que ofrecen el máximo de precisión y una reducción de tiempo en los trabajos topográficos, usualmente largos y extenuantes.

EL SIG DENTRO DE LA GEOMÁTICA

Los avances y cambios presentados en el planeta en el último siglo en todos los órdenes y sobre todo, el desarrollo tecnológico en el campo de acceso a la información geográfica, llevaron a que se presentaran dificultades frente al manejo y aprovechamiento de grandes volúmenes de datos de la geografía terrestre. A la par, fue surgiendo un potencial de usuarios y mercados que requerían acceso rápido y efectivo a la información. Todo esto impulsó la invención y el desarrollo de programas de computadora, capaces de automatizar los diferentes procesos de manipulación de información de los recursos de la tierra. El producto de estos avances fueron los sistemas de información geográfica, denominados SIG, que se definen como "el conjunto de métodos, herramientas y actividades que actúan coordinada y sistemáticamente para recolectar, almacenar, validar, actualizar, manipular, integrar, extraer, y desplegar información, tanto gráfica como descriptiva de los elementos considerados, con el fin de satisfacer múltiples demandas"[5]

De esta forma, un SIG puede verse como un "sistema de hardware, software, datos y estructura organizacional para recolectar, almacenar, manipular y

---

[5] Instituto Geográfico Agustín Codazzi. Conceptos básicos sobre sistemas de información geográfica y aplicaciones en Latinoamérica. Gráficas Colorama Bogotá, 1995. Pág. 64.

analizar espacialmente datos georeferenciados y exhibir la información resultante de esos procesos" (Wolf/ Brinker, 1994). Es por tanto, un conjunto de elementos físicos lógicos, de personas y metodologías, que interactúan de manera organizada para adquirir, almacenar y procesar datos georeferenciados y producir información útil en la toma de decisiones, que adicionalmente, aprovechan e incorporan el constante avance de materias como la microelectrónica, la estadística, la informática, los sensores remotos y la geodesia, entre otros.

Un SIG tiene entre sus principales funciones, las de capturar, manipular, almacenar, interrelacionar y analizar espacialmente información, así como exhibir gráfica y numéricamente los resultados obtenidos. Por tanto, "La tecnología SIG puede verse como una herramienta que facilita desarrollar investigaciones sobre el cambio global del planeta; establecer nexos entre distribución de especies y hábitats; evaluar el impacto ambiental de diferentes acciones antrópicas; determinar los usos apropiados de la tierra; proteger riquezas forestales y animales; administrar los recursos hídricos; definir políticas de explotación de recursos minerales y formular planes de desarrollo sustentable".

EL SIG, ¿ADMINISTRADOR GEOMÁTICO?

Los anteriores conceptos llevan a plantear las relaciones con el campo geomático, en el que los SIG no pueden ver únicamente como una disciplina más de la Geomática, sino que llega a convertirse en el administrador de las disciplinas geomáticas. Esto se puede fundamentar al revisar los principios básicos de la administración, en que cada uno (planeación, organización, control, integración y dirección) se ajusta a las diversas etapas que caracterizan los sistemas de información geográfica. Algunos planteamientos:

Las diferentes definiciones de SIG, entre ellas la de Wolf y Brinker (1994), ven al sistema como una estructura organizacional, que para desarrollar funciones como las de recolectar, identificar o hallar relaciones entre datos, es necesario contar con la condición inicial de generar un orden y una coordinación para lograr su funcionamiento (principios básicos de la organización).

Cuando se habla de trabajar en conjunto con datos geográficos provenientes de diferentes fuentes tecnológicas para generar modelos interpretativos, no se hace nada diferente a **integrar** para poder manipular y **controlar** dicha información. Esta integración y control determinan en el SIG su función analítica.

Queda claro el papel de gestión administrativa que el SIG debe tener. En las dos últimas décadas, muchas empresas en el mundo han decidido implementar el SIG como una herramienta determinante en sectores hasta entonces no imaginados. Es muy probable que hacia el futuro, como lo mencionan algunos expertos, se hable más de ellos en las áreas contables o financieras que en los mismos sectores relacionados con sus primeras aplicaciones. Queda planteado para posteriores análisis este interrogante: ¿Es o no el SIG una herramienta administrativa? Para la Geomática, seguramente que sí.

El SIG, es una base de datos inteligente.

INTERNET

"El territorio digital es una realidad al alcance de la mano y despunta el territorio virtual multimedia, gestionado inteligentemente por sistema expertos"[6]

La tecnología digital, junto a los desarrollos informaticos, cambió radicalmente la visión tradicional del concepto de información en las ciencias geográficas. Su acceso está mediado en gran porcentaje por la Internet,

---

[6] Comas Vila, David. Las nuevas aplicaciones de los sistemas de información geográfica.

el instrumento tecnológico de comunicación de mayor importancia en la actualidad.

Internet nació como muchas otras tecnologías, de las necesidades de defensa y seguridad que en la época de guerra fría diseñaron los Estados Unidos. En esa oportunidad, con el propósito de mantener la red de ordenadores en comunicación en caso de conflicto.

Posterior a las etapas de experimentación y creación del sistema, vino la expansión a los centros universitarios y empresas privadas, que se interesaron por sus ventajas, hasta que desembocó en la generalización de su empleo en diversos sectores. La red está compuesta por millones de ordenadores en todo el mundo conectados permanente.

Para la Geomática, la Internet se convierte en un vehículo que constantemente transporta miles de geodatos, imágenes y palabras alrededor del mundo, con el gran reto de lograr que dicha información pueda ser leída correctamente por los usuarios. Este hecho se dificulta cada día menos por **el amplio rango de formatos que existen para capturar la geoinformación.**

Actualmente se sigue trabajando en superar estas barreras mediante la creación de infraestructuras de datos espaciales, que ofrezcan operabilidad, estándares aceptables y reconocibles para una gran mayoría. Los beneficios que esto traería en todos los sectores serían invaluables, más si se tiene en cuenta el ahorro en tiempo y recursos en la elaboración de trabajos ya existentes. Eso sería la consolidación de la Geomática.

De otra parte, ademas la internet poco a poco va derrumbando las barreras entre usuarios y productores. Hoy, tanto unos como otros, tienen la oportunidad, casi inmediata, de conocer tecnologías y productos, realizar evaluaciones, conocer ventajas y sobre todo, contar con herramientas de decisión mucho más determinantes. Cada día contamos con muchas más herramientas.

EL POT: UN CAMPO DE APLICACIÓN EN COLOMBIA, Y SUS VECINOS

El ordenamiento territorial, como una política de estado, ha venido quedando durante muchos años como una serie de planteamientos teórico-administrativos, imposible por muchas razones de llevar a cabo en la práctica. En Colombia y en los diferentes países del área, las nuevas leyes han abierto la oportunidad de dar sentido al ordenamiento territorial, más allá de las estrategias teóricas; el territorio, debe ser ordenado teniendo en cuenta todas las variables que entran en juego, como son: económicas, financieras, sociales, espaciales o culturales, condicionadas por un sentido real, racional del uso del suelo y de los recursos naturales.

Así nacen los planes de ordenamiento territorial POT, que aunque tienen como limitante la falta de una ley orgánica de ordenamiento territorial, se vienen desarrollando en muchos municipios del país, de acuerdo con el número de habitantes; y van desde planes generales para poblaciones con más de 10.000 habitantes, pasando por municipios de 100.000 y más. Todo está contemplado en las diferentes leyes de los diferentes países.

Una de las mayores dificultades para la elaboración del POT es la desactualización de varias décadas de la cartografía que afecta a los países. En este punto es que resulta de gran trascendencia la metodología y herramientas tecnológicas que se utilicen. Para las disciplinas geomáticas resultan un excelente campo de aplicación estos espacios municipales, porque con escasas excepciones, donde se ha utilizado SIG o alguna cartografía básica, el posicionamiento con GNSS, las imágenes satelitales o la ortofografía digital, es aún una posibilidad lejana, dados los costos y condiciones económicas actuales en la mayoría de regiones de Colombia.

Aun así, y sin desconocer las limitantes existentes, los municipios deberán implementar, paso a paso, la infraestructura que permita realizar, en plazos razonables, sistemas de información geográfica, como elemento primordial para el manejo de la información y ordenamiento de su territorio: base de datos, acceso a Internet y elaboración de cartografías básicas.

La Geomática es el integrador de información de todas las tecnologías de avanzada relacionadas con la cartografía; justamente, el desarrollo sostenible y el Plan de Ordenamiento Territorial, tienen como base fundamental, el manejo de la geografía y la cartografía, siendo los sistemas de información geográfica los llamados a recopilar el mundo de información, que sirva de alimentador diario al desarrollo municipal.

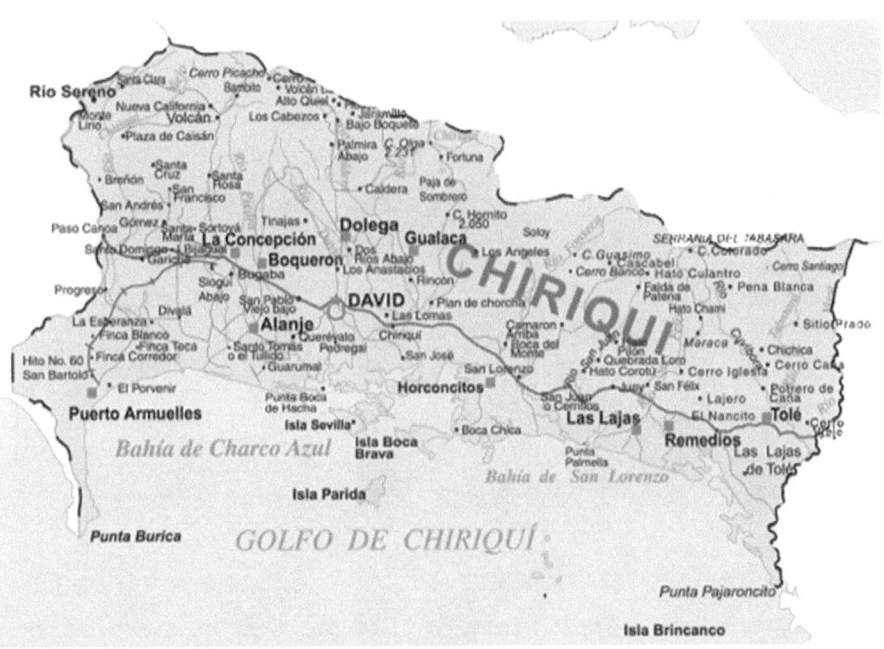

Mapa Tenencial

Los SIG son una herramienta óptima para el desarrollo de los planes de ordenamiento territorial. Imágenes programa MAPINFO.

CAPÍTULO 2:
TECNOLOGÍAS TOPOGRÁFICAS

TECNOLOGÍAS TOPOGRÁFICAS

EVOLUCIÓN

La topografía utiliza métodos desde la antigüedad: Sesostris en 1400 A.C, realizó loteos para cuestiones de impuestos; Eratóstenes, durante el siglo III A.C, midió el arco terrestre con precisión; Herón, en el siglo I A.C, proporcionó las primeras técnicas formales de topografía, donde la representación gráfica se hacía sobre el plano horizontal (utilizando la dioptra); Von Piso, en el siglo XIII, escribió instrucciones sobre topografía en su libro Práctica Geometría.

La necesidad de mapas y la demarcación clara de fronteras durante los siglos XVIII y XIX, hizo que Inglaterra y Francia realizaran triangulaciones precisas, comenzando los levantamientos geodésicos. A comienzos del siglo XIX, en los Estados Unidos, se elaboraron levantamientos hidrográficos y prepararon mapas náuticos; mas adelante, se colocaron señalamientos, mojones e indicadores de control.

Con el tiempo, la utilización de los levantamientos topográficos se amplió en los proyectos de ingeniería, en la estrategia militar y en los programas espaciales. En el último siglo, las herramientas e instrumentos tradicionales empleados en la topografía, han tenido un desarrollo acelerado que se aleja cada vez más de la visión óptica-mecánica, que durante mucho tiempo caracterizó este campo; los instrumentos electrónicos para medición, dispositivos láser, localizadores por satélite, la informática en el procesamiento de datos y diagramación digital, así como el concepto de topografía digital y robótica, se convierten en aspectos fundamentales en este sector.

El proceso de levantamiento topográfico se da siguiendo los siguientes pasos:

- Definición y diagnóstico del trabajo.
- Reconocimiento del terreno.

- Planeación del trabajo.
- Determinación del personal necesario.
- Determinación del equipo a emplear.
- Costos.
- 1. Ejecución del trabajo.
  2. Revisión y ajustes del trabajo de campo.
  3. Cálculos.
  4. Elaboración de planos.
  5. Revisión final.

Con las tecnologías actuales, los trabajos correspondientes a ejecución, revisión, cálculos y elaboración de planos se desarrollan de una manera innovativa y más rápida, (que parecen magia), con mayor precisión, calidad y altos niveles de rendimiento.

DIGITAL Y ROBÓTICA

Básicamente, la tecnología digital y robótica se puede comprender como un proceso de integración de funciones (medición de distancias y ángulos) y desarrollo de los procesos internos de lecturas, en la toma de datos, de una manera númerica, que facilitan y aumentan los grados de precisión. Esto conllevó al desarrollo de una serie de aparatos digitales para el posicionamiento, la medición y la nivelación, además de una información más amplia en la elaboración con mayor precisión de levantamientos topográficos, principalmente.

NIVELACIÓN DIGITAL

Esta tecnología fue la última dentro del proceso de conversión de los instrumentos topográficos óptico-mecánicos a digitales, debido a que los intentos de automatización en la toma de datos presentaban dificultades.

Con la adopción de un dispositivo denominado CCD (aparato de carga doble), se logró equiparar la eficiencia de la nivelación frente a los instrumentos de medición de distancias y ángulos. Más adelante, se describen en forma más detallada las características internas de los instrumentos con esta tecnología.

TOPOGRAFÍA LÁSER

El rayo láser funciona como una unidad separada o acoplada que establece sobre una zona de trabajo determinada, un plano de luz, empleado como referencia para las tareas de nivelación, que generalmente se adelantaban con planos topográficos y la cuadrícula de puntos.

EL LÁSER EN EL CONTROL AUTOMÁTICO DE MAQUINARIA

El sistema envía la señal láser a los sensores instalados en la máquina; estos a su vez, se encargan de hacer los ajustes necesarios. Con el láser se obtiene alta precisión, frente al método de observación visual del maquinista y su control hidráulico manual. Existen diversas clases de transmisores de acuerdo al trabajo y maquinaria empleada.

EL LÁSER VERDE

El láser verde denominado así por generar una pequeña dispersión de la luz que es menor que el láser tradicional rojo, ha entrado a ser parte de los instrumentos de rayos visibles y niveles de precisión, dedicados a la ubicación de líneas, alineamientos, determinación de elevaciones y pendientes.

Al crearse sobre cualquier condición climática, la línea visible de orientación conocida o un plano de referencia, pueden efectuarse mediciones fácilmente. Estos instrumentos pueden ser de rayo láser simple, donde sólo proyecta líneas para alineamientos o líneas de plomada, y el de rayo láser rotatorio, el cual con dispositivos ópticos rotatorios, hace que el láser simple tenga giro acimutal, generando planos de referencia, que simplifican las actividades del ingeniero topográficos.

El rayo láser, hace un tiempo, era dañino al ojo humano; ahora, la mayoría de fabricantes solucionaron el problema.

SOFTWARE DE TOPOGRAFÍA

Antes de la aparición del software, las tareas de recolección de información se realizaban en carteras de tránsito, escritos y gráficos manuales. Era un trabajo dispendioso, que de acuerdo con el volumen del mismo podía ser de varios días, meses o años. Por ejemplo, el cálculo de carteras incluía el ajuste de los ángulos observados, cálculo del acimut, distancias horizontales, conversión a distancias planas de las mismas y las proyecciones uno a uno de los puntos del levantamiento.

Standard   *Standard Plus*

Professional   *Vías Standard*

Versiones del software Datageosis.

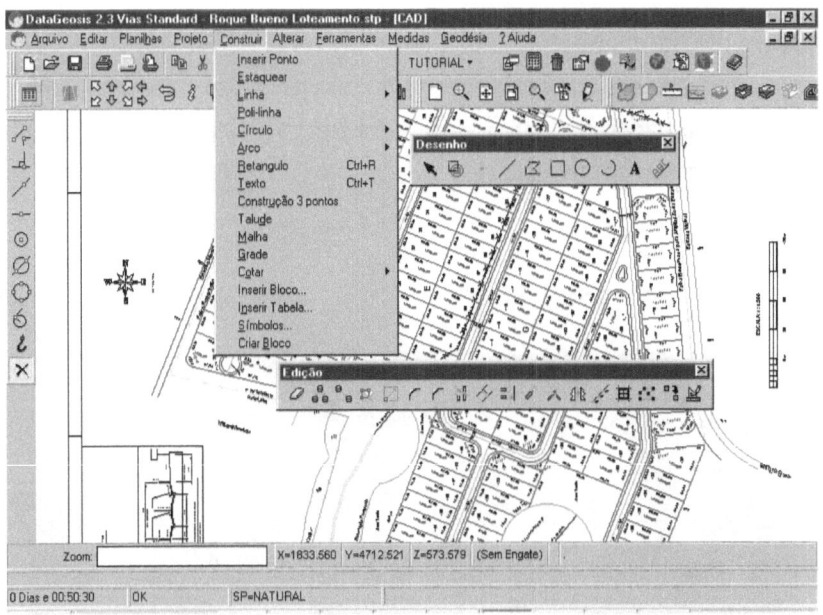

En los casos relacionados con la elaboración de planos, se **iniciaba** con determinar la escala gráfica a trabajar, se elaboraba un borrador del plano, se pasaba luego a diseñar el plano definitivo, utilizando díngrafos, rapidógrafos, reglillas, escuadras y papel. Situaciones similares se tenían en el diseño de vías, o gráficos de perfiles de terreno, entre otros, trabajos que podían durar días, semanas o meses, de acuerdo con las características del proyecto.

El desarrollo del software topográfico empezó en la década de los 80, con la necesidad de agilizar el procesamiento de los datos de levantamiento. Los primeros software trabajan con módulos para cálculos poligonales, radiaciones y puntos destacados; posteriormente se les adicionó el módulo gráfico, que solucionó el problema de visualización y ploteo del levantamiento. Más adelante se agregaron en nuevas versiones, características para el dibujo de planos planimétricos, visualización de secciones transversales y perfiles longitudinales.

Con la popularización de los colores en los videos, se crearon programas más amigables y se mejoraron las funciones para la obtención de cálculos en los proyectos, facilitando principalmente el trabajo en el campo del diseño de vías. Actualmente, las empresas que trabajan en el diseño de software topográfico, lo hacen en la producción de herramientas que permiten una mayor interacción con el usuario.

VISUALIZACIÓN EN 3D

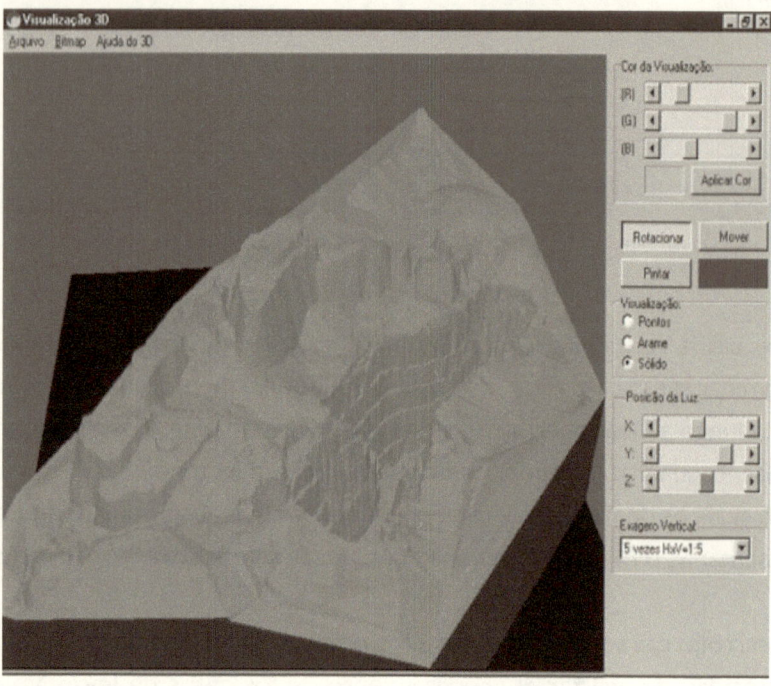

El software permite la visualización del terreno en tres dimensiones. Estas Visualizaciones pueden ser vistas, a través de puntos, de superficie con líneas y de superficie sólida, lo que facilita la detección de posibles errores realizados durante el Levantamiento Topográfico. Al usuario le es permitido mover, rotar, alterar la posición de la luz, editar los colores y la relación de escalas del proyecto, imprimir o salvar en forma de imagen este modelo en tres dimensiones.

GEOMÁTICA: TECNOLOGÍAS DE PUNTA

Herramientas del Software

Standard	Standard Plus	Vias Standard
Entrada de datos manual y digital.	Todas las herramientas de la Versión Standard	Todas las herramientas de las anteriores versiones
Comunicación directa con las principales estaciones y colectores del mercado así como de toda la línea GPS de Garmin y Ashtech.	Perfil Longitudinal y transversal Esta herramienta posibilita la generación de perfiles longitudinales y transversales a partir de la definición de una alineación.	Curvas Horizontales (Circulares Simple, Transición Simétrica). Curvas Verticales (Parábola Simple y Compuesta).
Apertura (importación) de archivos de texto, DXF, DGN y otros software de topografía. Planilla de cálculos para levwantamientos Plani-altimétricos y para Nivelaciones geométricas.	En caso de que el usuario tenga más de una superficie calculada para una misma área, es posible generar los perfiles para dos o más superficies, lo que posibilita la visualización conjunta de estos perfiles.	Secciones Tipo intercaladas (construcción de varios modelos de sección tipo). Súper Elevación o peraltado. Sobre anchos.
Cálculo de Poligonal posibilitando cuatro métodos de compensación de los errores.	Visualización Tridimensional del Terreno.	Esta herramienta permite la visualización 3D a través tres métodos: Puntos, Superficie Armada y Superficie Sólida, lo que posibilita una identificación de los posibles errores durante el levantamiento topográfico.
CAD Integrado, Función Auto Croquis.	Transformación de una lista de Coordenadas Geodésicas para Topográficas locales y viceversa.	
Cálculo de Áreas, División de Áreas (Vértice y Sentido, Paralela, Azimut).	Visualización de las Coordenadas Geográficas (Latitud y Longitud), Planas UTM o Cartesianas.	El DataGeosis permite el proyecto geométrico de curvas horizontales de forma fácil y ágil. Esta herramienta permite el cálculo de Curvas Horizontales Circulares Simple, Circulares con Transición Simétrica y Circulares con Transición Asimétrica.
Herramientas del Dibujo, barra de comandos por teclado.	Cálculo de la convergencia Meridiana Punto a Punto.	
Modelo Digital del Terreno (Cálculo de Superficies). Curvas del Nivel. Cálculo del Norte Verdadero.	Confección de la Monografía de los Vértices GPS.	

CUADRO I

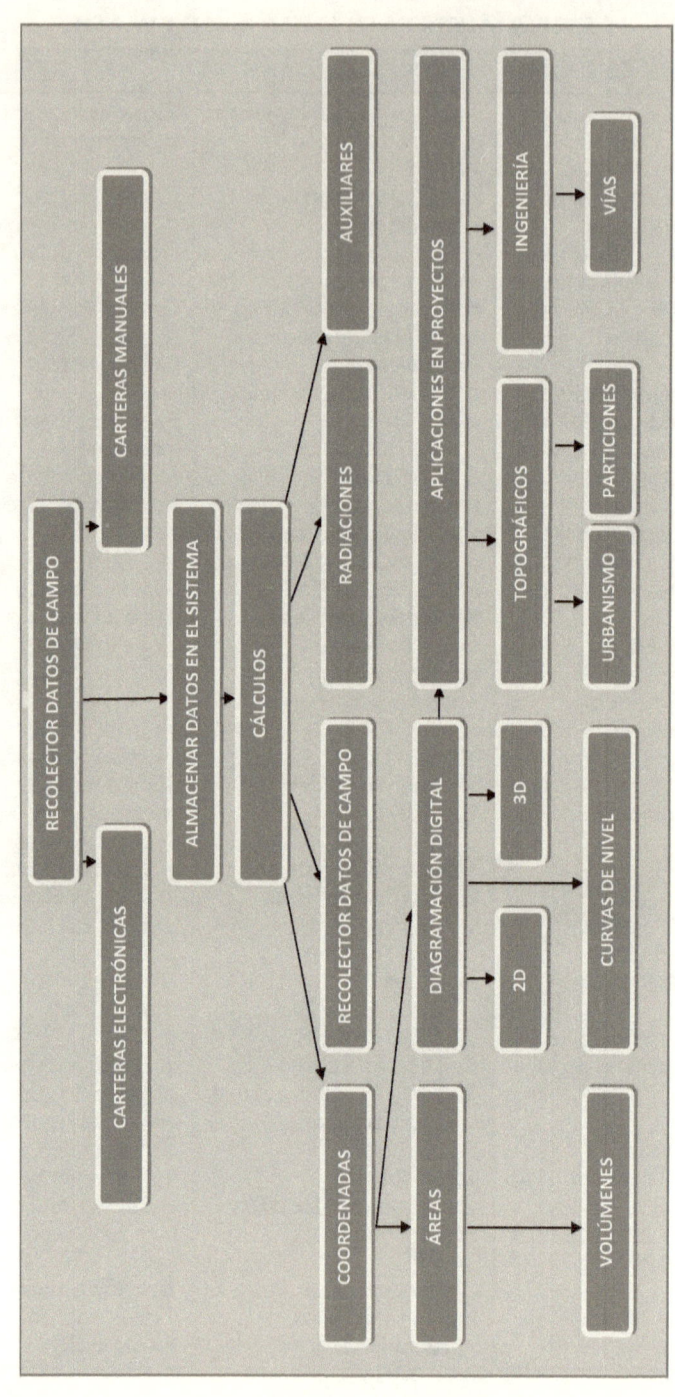

FIGURA 5: Diseño del autor

IMÁGENES SOFTWARE TOPOGRÁFICO

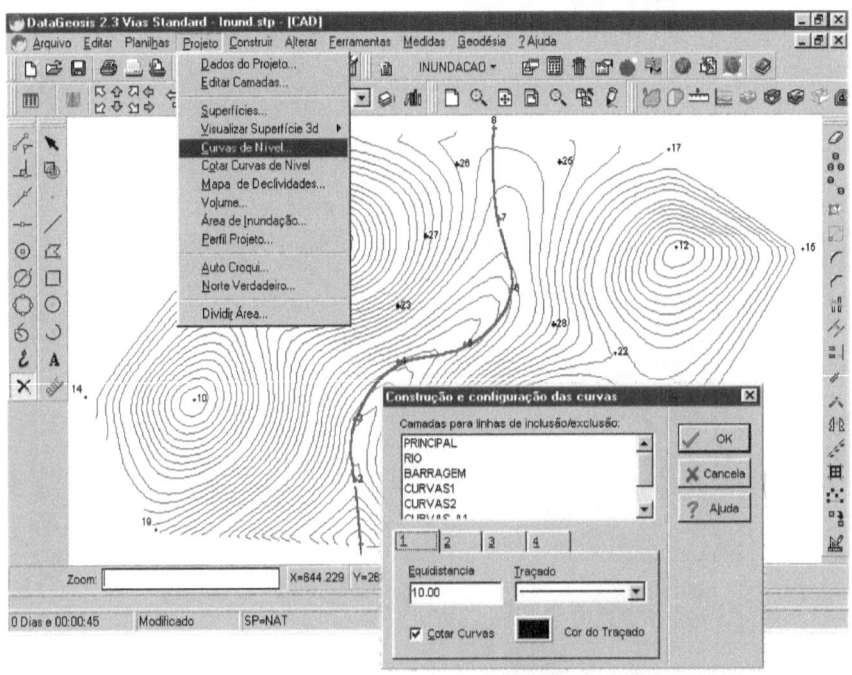

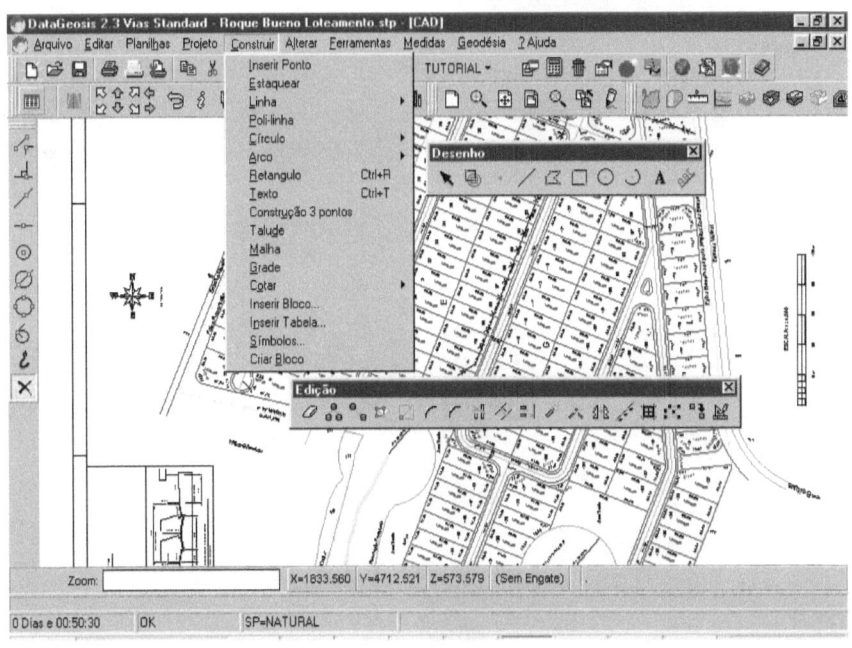

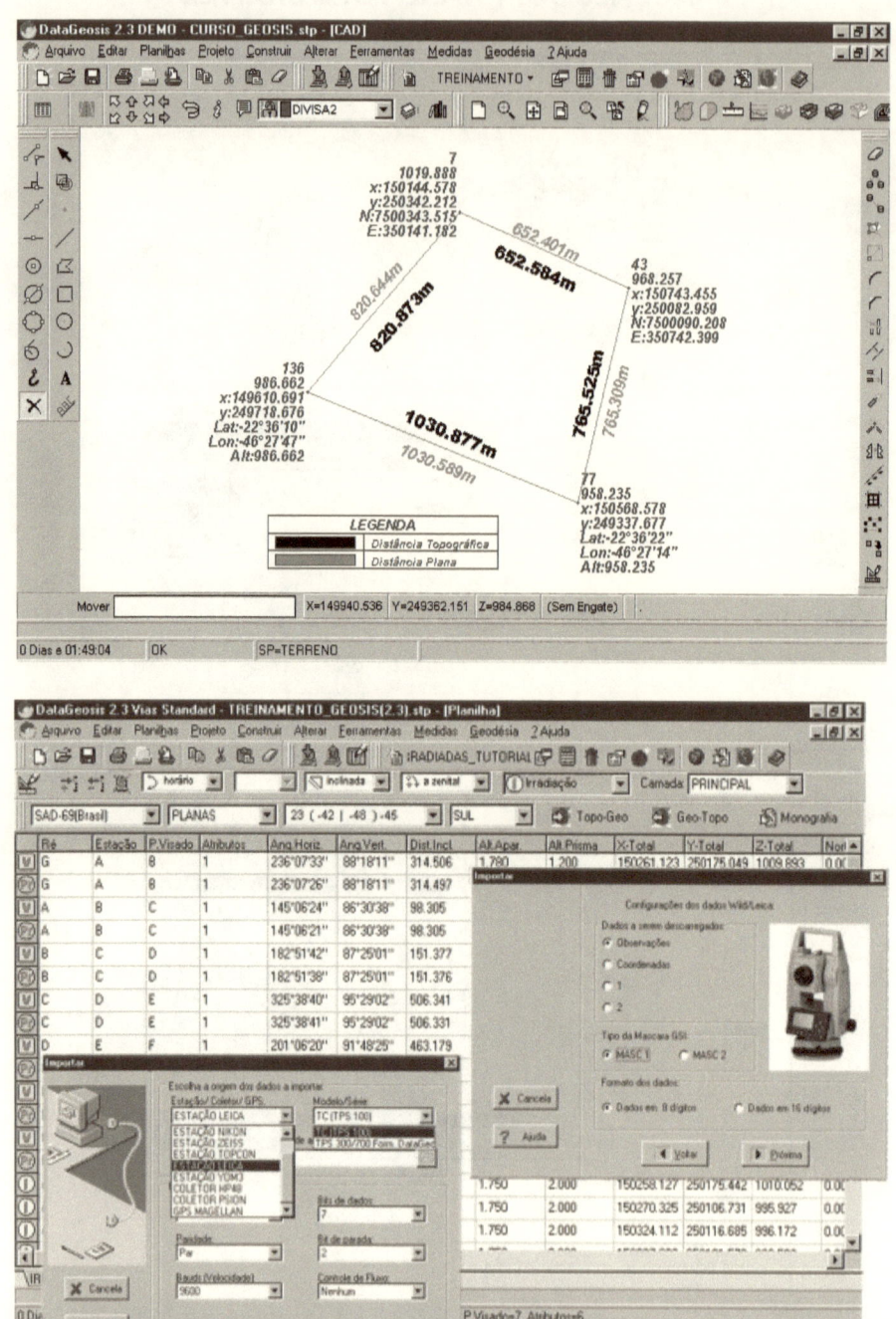

TECNOLOGÍA GEODÉSICA SATELITAL
EVOLUCIÓN

La más importante tecnología desarrollada en el campo de la geodesia moderna, es sin duda el sistema de posicionamiento por satélite; este sistema se originó en las investigaciones de carácter militar en Estados Unidos y Rusia, que permitieron la creación de dos constelaciones satelitales conocidas como NAVSTAR y GLONASS, respectivamente; encaminadas a la navegación y el posicionamiento estrictamente militar, pero desde 1984 adquirieron aplicaciones civiles. Invención que la considero la mayor en la ingeniería, en la década de los 80.

El primer sistema de navegación satelital, puesto en marcha en 1965, se denominó **TRANSIT,** era manejado por la marina norteamericana y funcionaba bajo el principio del efecto Doppler[7]. Estaba conformado por 6 satélites a una altura de 1074 Km, en una órbita polar baja y la posibilidad de obtener posición resultaba intermitente.

El error de posición era alrededor de 250 M. La Unión soviética en ese entonces también contaba con un sistema similar denominado **TSICADA.**

En los años siguientes, en plena guerra fría, tanto norteamericanos como rusos iniciaron grandes inversiones encaminadas al perfeccionamiento de los Sistemas Globales de Navegación, que ahora sí se denominaran GPS. En 1982, la Unión Soviética, realiza el primer lanzamiento de satélites del sistema GLONASS (Sistema global de Navegación por Satélite); en 1983, Los Estados Unidos finaliza la etapa inicial de la constelación NAVSTAR (Sistema de Navegación en Tiempo y Distancia), conocida como GPS.

---

[7] "Al pasar el satélite sobre la estación observación transmite, en forma contínua y con mucha precisión, una frecuencia de radio controlada. Cuando el transmisor se aproxima a un receptor, la señal recibida tiene una mayor frecuencia que la transmitida. Al alejarse el satélite de la estación, la frecuencia disminuye respecto a la frecuencia emitida" (Wolf / Brinker. Topografía. 1994. pág. 471).

CAPÍTULO 3:
TECNOLOGÍA GEODÉSICA SATELITAL

SISTEMAS DE POSICIONAMIENTO

NAVSTAR

El sistema NAVSTAR, comúnmente conocido como GPS, nace con la decisión del gobierno norteamericano de crear una constelación de 24 satélites en órbita media, que permitiera una cobertura total y reemplazara el sistema Transit, que presentaba problemas de posición y precisión.

Esta compuesto en la actualidad por 24 satélites, y 4 de reserva, monitorea en 6 planos de referencia (planos orbitales), separados entre sí 30°, y en 55° de inclinación con respecto al Ecuador y distancia al geocentro de 20.200 kms.

NAVSTAR es manejado por el Departamento de Defensa de los Estados Unidos, a través del Joint Program Office (JPO). El sistema puede ser utilizado libremente por usuarios civiles en todo el mundo, a partir de la decisión del gobierno estadounidense de levantar la medida de degradación intencional de la señal (disponibilidad selectiva), en mayo del año 2000.

GLONASS

La constelación GLONASS manejada por las Fuerzas Espaciales Rusas, que tienen las mismas aplicaciones civiles y militares que el GPS, está compuesto por 24 satélites activos y 3 de reserva, situados a 19.100 Km de la superficie terrestre, con un período orbital de 11 horas y 15 minutos.

GLONASS monitorea en 3 planos de referencia, separados entre sí 120°. Igualmente cuenta con 2 señales de navegación: la estándar (SP) y la de alta precisión (HP). El sistema entró oficialmente en operación en septiembre de 1993. En el cuadro 2, se pueden apreciar comparativamente los sistemas Glonass y GPS.

GALILEO

Es el proyecto más importante de posicionamiento satelital que se piensa implementar en Europa. Busca crear una constelación satelital independiente de Navstar y Glonass. El proyecto de un sistema de posicionamiento de tercera generación, propuesto a principios de 1999, es conocido como GNSS[8].

Los beneficios que traería la puesta en marcha de esta constelación van más allá del campo estrictamente militar y abarca sectores como el de las telecomunicaciones, industrial y científico, además de las implicaciones económicas que traería.

CARACTERÍSTICAS DEL SISTEMA

El sistema de Posicionamiento Satelital está compuesto por un segmento terreno y un segmento usuario.

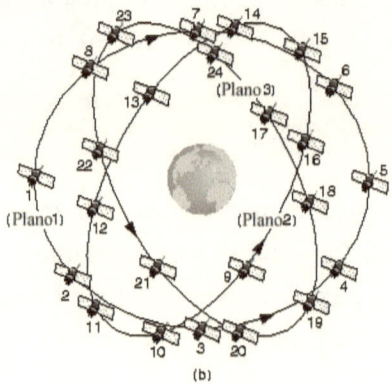

(b)

---

[8] Sistemas de sistemas de navegación global.

COMPARATIVO GLONASS Y GPS

Nombre de la constelación	NAVSTAR - GPS	GLONASS
Nombre del sistema de posicionamiento	Posicionamiento Global por Satélite GPS	Sistema satelital de navegación global SSNE
Primer lanzamiento	1978	1982
Número de satélites	Total de satélites en constelación31 SCOperacionales 31 SC En fase de activación– 0 Enmantenimiento – 0 En fase de desactivación- 0 Datos tomados: 25.05.2012 UTC+4: 23:48:26	Total de satélites en constelación 31 SC Operacionales 24 SC En fase de activación - 0 En mantenimiento 2 SC Repuesto 4 SC En vuelos de prueba 1 SC Datos tomados: 25.05.2012 UTC+4: 23:48:26
Referencia de coordenadas geodésicas satelitales	WGS84, Sistema geodésico mundial que data de 1984.	Inicialmente PZ-90 En septiembre de 2007, el sistema fue adaptado y actualizado. Llamado PZ-90.02,está de acuerdo con el sistema ITRF2000, que se ajusta como WGS 84
Estación de control maestra	Falcón - Colorado	Golitsyno - Moscú
Estaciones de control	Estación monitora (de seguimiento): 5, Colorado Springs, Hawai, Kwajalein, Isla de Ascensión e Isla de Diego García.	St. PetersburgoTecnopolEnisei skKomsomolsk-na-Amure
Planos orbitales	6 - A, B, C, D, E, F.	3 - 1, 2, 3
Ángulos de inclinación	Inclinación: 55 grados (respecto al Ecuador terrestre).	Entre 64,2 y 65,6 Grados
Separación entre planos	30°	60°
Periodo orbital	11 h 58 min (12 horas sidéreas)	11 h 15min 44sg

Vida útil	7,5 años	De 3 a 5 años
Sistema de tiempo	TAI	UTC (Precisión 15 nano- segundos)
Códigos del Sistema	Mono frecuencia L1 1575 MHz Bifrecuencia L1 y L2 L1 1575 Mhz L2 1227 MHz	Frecuencia L1, 1602+ 0,5625 k MHz. Frecuencia L2, 1246 + 0,4375 k MHz
Transmisión	50 bps	50 bps
Técnica	Criptográfica	Criptográfica
Bandas de frecuencia	1.57542 GHz (L1 signal)	L1 1246 MHz
	1.2276 GHz (L2 signal)	L2 1256,5 MHz
Reloj atómico	2 Cesio 2 Rubidio	1 Hidrógeno 1 Cesio
Identificación de la Frecuencia	PRN	Frecuencia de las Portadoras
	Código P 22 m Horizontal 27,7 m Vertical Código C/A 100 MHz 300 Vertical	60 m Horizontal 75 m Vertical
Precisión	Oficialmente indican aproximadamente 15 m (en el 95% del tiempo). En la realidad un GPS portátil mono frecuencia de 12 canales paralelos ofrece una precisión de 2,5 a 3 metros en más del 95% del tiempo. Con el WAAS / EGNOS / MSAS activado, la precisión asciende de 1 a 2 metros.	En febrero del 2012 el primer ministro y el presidente electo de Rusia, Vladímir Putin, afirmaron que en el último lustro la precisión del sistema GLONASS aumentó notablemente y es equiparable a la del sistema GPS.

CUADRO 2

SEGMENTO ESPACIAL

Tanto NAVSTAR como GLONASS, están conformados por una red de satélites activos y otros pocos de reserva, distribuidos en un número determinado de planos orbitales, a una altura aproximada de 20.000 Km., una velocidad de 14.500 km/h, que brindan información a los receptores en tierra. Los satélites tienen un peso cercano a 1500 Kg, y una vida útil promedio de 7 años.

SEGMENTO DE CONTROL

Se compone de una estación principal y cuatro estaciones de control, ubicadas estratégicamente, que localizan los satélites y entregan información georeferencial para alimentar sus bases de datos y posteriormente se transmiten a los receptores en forma conjunta con otros datos.

SEGMENTO USUARIO

Integrado por los receptores, los usuarios del sistema y el software de post proceso, que se encarga de realizar los ajustes a la información recibida de los satélites. Los receptores convierten las señales recibidas en posición, tiempo y velocidad estimada. Éstos leen la última posición calculada y el almanaque para la constelación, luego comienza el rastreo de los satélites e inmediatamente después de percibir el primero, toma el mensaje de navegación actualizando automáticamente el almanaque en su memoria. La adquisición de la señal es mediante llaves criptográficas, es decir, de escritura oculta o cifrada, la cual se interpreta mediante el uso de una clave. Ver figura 6, componentes del sistema de posicionamiento.

El sistema GNSS (NAVSTAR y GLONASS) cuentan con 2 servicios de posicionamiento: el **Servicio de Posicionamiento Preciso (PPS),** diseñado únicamente para usuarios autorizados, quienes cuentan con dispositivos y receptores especiales que generalmente son usuarios militares o agencias estatales; y el **Servicio de Posicionamiento Estándar (SPS),** dirigido a los usuarios civiles en todo el mundo y de uso gratuito.

SEÑALES DE LOS SATÉLITES

Las señales emitidas por los satélites provienen de 2 portadoras de microondas. La portadora **L1** (también denominada señal primaria del satélite), transmite en una frecuencia de 1575,42 MHz y una longitud de onda de 19,05 cm y se encarga de transportar los mensajes de navegación, . Pasa a la pagina siguiente.

PERCEPCIÓN REMOTA Y TELEDETECCIÓN.

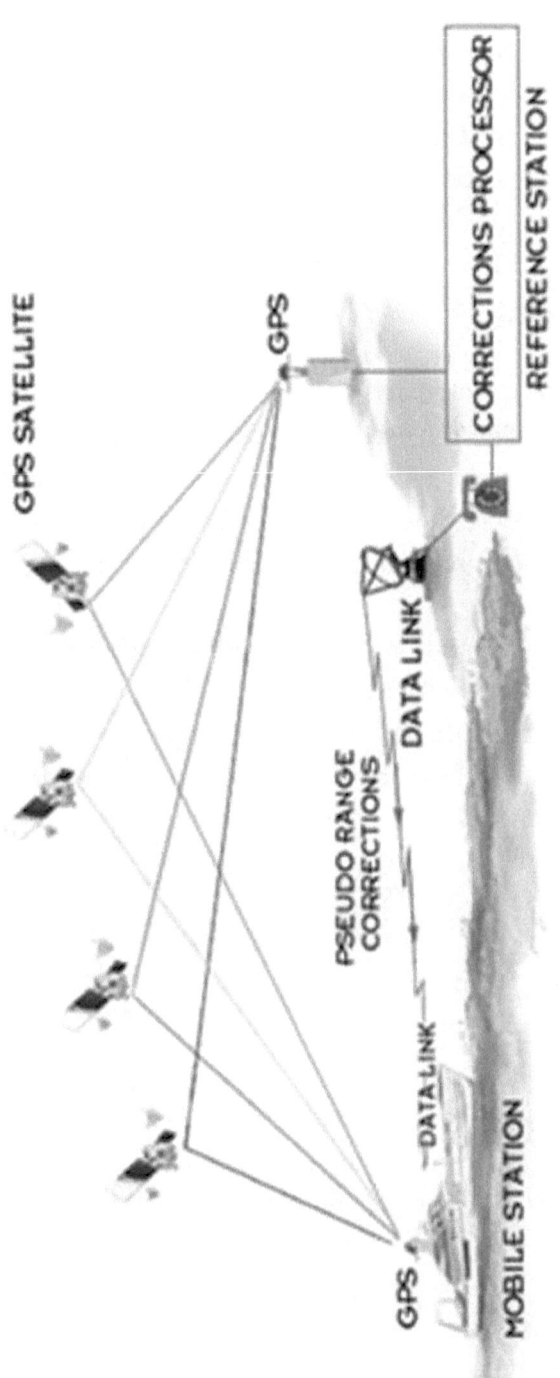

Figura 6. Componentes del sistema de posicionamiento

y las señales del código correspondiente al servicio de posicionamiento estándar. La portadora L2 o señal secundaria, en una frecuencia de 1227,60 MHz y longitud de onda de 24,45 cm, permite medir los retardos de la ionosfera ocasionados por los receptores de posicionamiento preciso.

Las portadoras L1 y L2 son moduladas por 3 códigos binarios: El C/A, el P y el mensaje de navegación.

El *C/A* es un código de ruido seudoaleatorio y modula la señal de la portadora L1. **El código P** o preciso modula ambas señales, se caracteriza por ser muy largo y trabaja a una frecuencia de 10 Mhz. **El Mensaje de Navegación** es un código que se encarga de volver a modular las señales L1 y L2 y corregir aspectos relacionados con el funcionamiento del satélite.

Cada mensaje es una señal de datos descriptivos de órbita del satélite, correcciones del reloj y otros parámetros del sistema, constituidos en matrices temporalizadas de datos; éstas marcan el tiempo de transmisión de cada subparte del mensaje para cada momento de la transmisión, tres subpartes de 6 segundos contenedoras de los datos orbitales y temporales y las correcciones del reloj.

EFEMÉRIDES

Cristóbal Colón.

Son los datos que permiten conocer la posición exacta de los satélites en cada momento; cronometraje de épocas (posiciones de los satélites en el tiempo); Bits de sincronización; Bits de corrección de errores; Bits de reserva; estado del satélite y vigencia de los datos.

Colón siendo naúfrago desde la isla de Jamaica alrededor de 1500, exitosamente ve un eclipse lunar usando las efemérides del astrónomo Alemán Regio Montanus

El sistema GNSS cuenta con diferentes métodos de medición como son: **estático, cinemático, estático rápido, stop and go, RTK y estaciones Cors**. Estos métodos están basados en mediciones de fases de la onda portadora y emplean técnicas en las que los receptores, ubicados en estaciones diferentes, hacen observaciones simultaneas de varios satélites.

PROCESO DE POSICIONAMIENTO

El Sistema Satelital de Posicionamiento y Navegación Global, combina un receptor, una antena y el sistema de recolección de datos para obtener posiciones con alta precisión. Este proceso se da a partir de los siguientes pasos:

- Determinar el lugar donde se realizará la asignación de coordenadas geodésicas y coordenadas planas de acuerdo con el dátum de referencia.
- Instalar el aparato receptor.

Codificar las efemérides, es decir, la corrección orbital de los satélites.

- Determinar la geometría satelital.
- Inicializar la captura de datos, con el correspondiente período de clarificación en la nitidez de la señal para el acople de la información recibida.
- Monitorear la señal durante el lapso pre-establecido para la toma de datos.
- Transferir los datos al ordenador de un SIG y desarrollar el correspondiente procesamiento de cálculos de los datos obtenidos.

- Lectura de resultados y asignación de coordenadas con respecto al WGS 84, junto con su correspondiente transformación a coordenadas geodésicas y coordenadas planas de referencia.

Es importante señalar, que el Sistema de Posicionamiento Global, está basado en la toma de datos de georeferenciación espacial y funciona mediante las señales codificadas de satélites, las cuales son registradas y procesadas en un receptor, que permite el cálculo de posición, velocidad y tiempo, para el posicionamiento y navegación en tres dimensiones.

La aplicación del tiempo se basa en la precisión de relojes monitoreados, los cuales son 4 relojes atómicos.

Para la obtención de resultados precisos, de posicionamiento o navegación, es necesario el uso de receptores en posiciones de referencia, que proporcionan datos de corrección y de posicionamiento relativo a los receptores remotos auxiliares.

Los seguimientos de bases son siempre diferenciales, por esto se requiere seguir las fases con el receptor remoto y el de referencia, al mismo tiempo.

Es importante ubicar la antena del receptor con un campo visual amplio (área despejada preferiblemente). Al comenzar la lectura de posición precisa del receptor se requiere un lapso de clarificación de la nitidez de la señal y percepción de la misma para el acople de la precisión de la información recibida, el cual se ha denominado tiempo de primera fijación.

El receptor evalúa la geometría de los satélites visibles y selecciona los 4 con la mejor "dilución de la precisión". Esta selección hace énfasis en la separación o proximidad entre satélites para el momento de la lectura correspondiente de posición, optando por aquellos satélites que no estén muy cercanos entre sí, es decir con ángulos muy agudos, o no muy separado, o sea, ángulos muy obtusos. Ver Figura 7, Geometría Satelital.

GEOMÁTICA: TECNOLOGÍAS DE PUNTA

El receptor realiza ajustes continuos en la geométrica de los satélites, debido a la generación de cambios pequeños en la posición. El receptor también ajusta en el tiempo el código generado por él, mientras su patrón ajusta la señal transmitida; por consiguiente, la seudodistancia generada presenta error debido a la diferencia de tiempo en el reloj atómico. El error de la distancia por sesgo en el reloj, genera diferencias entre la distancia real y la calculada; a esta relación de precisión se le llama **dilución geométrica de la precisión.**

Imagen: Triumph-vs - Javad   Imagen: Triumph-4x - Javad

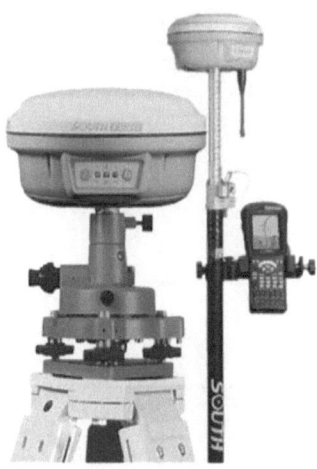

Imagen: S82 de South

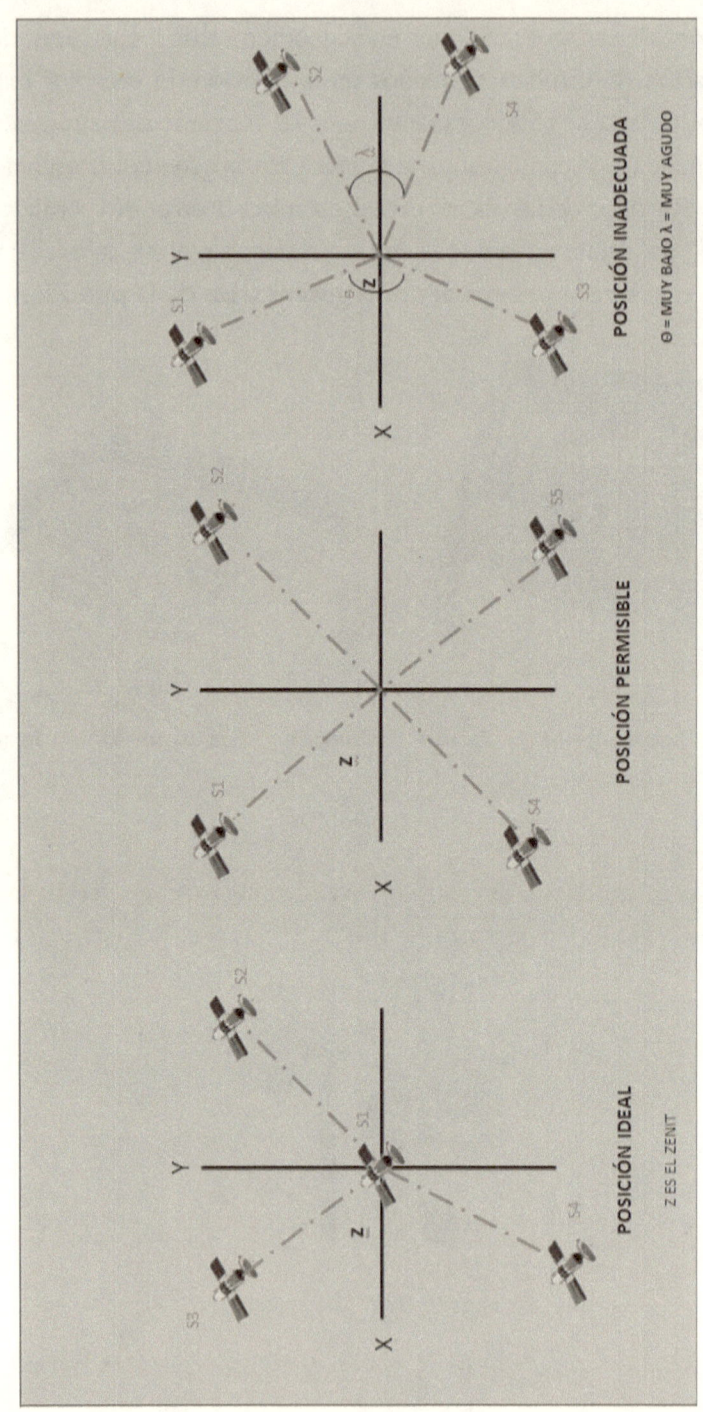

Figura 7. Configuración de la Geometría Básica de los satélites durante una observación y toma de lecturas.

TIEMPO REAL

Un receptor GNSS, en tiempo real, permite el control inmediato de los puntos de posicionamiento. Para el control de coordenadas planimétricas y altimétricas se realiza en una sola vista de punto, ya que los movimientos debidos al tráfico no le son extraños. Para levantamientos de terreno es suficiente inicializar el móvil de la zona y levantar los puntos, sin que se vea afectado por el tráfico u otros objetos.

FUTURO DEL GNSS (GNSS-GLONASS-GALILEO-COMPAS)

En el presente siglo, el GNSS tiene como objetivos ampliar al máximo el campo de aplicaciones del sistema, igualmente, mantener su uso gratuito para los usuarios, al tiempo que buscar nuevas posibilidades en el campo militar. A continuación algunos comentarios de lo que será el GNSS.

Nuevos mercados:

Existe una flotilla de más de 50 millones de embarcaciones, de las que un 98 % son de recreo (adicionalmente pesqueros, mercantes, petroleros, dragados y plataformas). Para la navegación aérea se tiene un potencial de más de 350 mil aviones en todo el mundo, de los cuales sólo está cubierto menos del 20% para la navegación intercontinental o entre aeropuertos. El gran mercado del GNSS está en la navegación terrestre, de más de 500 millones de autos y 135 de camiones como potenciales usuarios.

Se está implementando una red de GNSS para la guía de invidentes en las grandes ciudades y como novedad en las aplicaciones del GNSS, podemos mencionar la utilización del sistema en la localización de personas que afronten una emergencia, o en el control a los presos.

CAPÍTULO 4:

TECNOLOGÍAS CARTOGRÁFICAS

TECNOLOGÍAS CARTOGRÁFICAS

En las dos últimas décadas del siglo XX, el desarrollo de los instrumentos de percepción remota, como el tratamiento de información, que en sus comienzos estuvo muy ligado al campo militar, alcanzó niveles importantes, no sólo en los procesos de restitución, sino también y especialmente, en los de captura de datos terrestres, que llevaron en la última década a la creación de grandes industrias aeroespaciales destinadas al ofrecimiento de productos a nacientes mercados de la información cartográfica, ambiental, forestal y oceanográfica, entre otras.

TELEDETECCIÓN SATELITAL

EVOLUCIÓN

El inicio de la carrera espacial a mediados de los años 50, del siglo XX, fue también el comienzo de la era de la teledetección espacial. Las primeras pruebas las realizó Estados Unidos entre los años 1951 y 1955, pero sólo hasta octubre de 1957 se lanzó al espacio el Sputnik (Rusia), primer satélite artificial con la misión de orbitar la tierra y emitir una señal.

Estaba equipado con instrumentos para conocer la temperatura y densidad de la atmósfera e ionosfera, con el fin de medir la propagación de las ondas electromagnéticas, utilizando frecuencias de 20 y 40 MHz. El Sputnik tenía un diámetro de apenas 58 cm. y pesaba 84 kg. De esta forma se hizo realidad la idea de Arthur C. Clarke, oficial de la República Federal Alemana, quien en 1945 propuso la colocación en órbita de repetidores a 36.000 km sobre la superficie terrestre.

En los años siguientes, Estados Unidos y la Unión Soviética emprenderían un desarrollo acelerado en este campo: en 1962 los norteamericanos colocan en órbita el Telstar 1, el primer satélite de comunicaciones y un año más tarde con el Telstar 2, enlazarían a Europa con Norteamérica. En 1965 los rusos construyen la red más grande de satélites Molniya, que permitió enlazar la extensa geografía soviética.

En los años 70, se colocan en el espacio los primeros satélites equipados con sensores para monitorear los recursos naturales. En 1972, *Estados Unidos lanza* el primer satélite óptico, el ERTS (Earth Resources Technology Satélites), que posteriormente, en 1975, con el segundo lanzamiento, se denominaría LANDSAT.

En la última década del siglo XX, gracias a la apertura del mercado espacial al sector civil y al acelerado desarrollo tecnológico, el auge de los satélites comerciales fue grande. De esta forma, compañías privadas, hasta entonces marginadas de esta área, entraron a participar y a ofrecer una amplia gama de información para usuarios de todos los sectores, incluso el militar.

Muchas son las ventajas que la teledetección ofrece; se pueden citar entre otras las siguientes: con el formato digital se agiliza el procesamiento de imágenes, al tiempo que se reducen los costos frente a métodos convencionales de producción cartográfica. La cobertura es total, ya que no sólo se puede tener acceso a zonas difíciles e inaccesibles para la fotografía aérea tradicional, sino además las tomas se pueden repetir cuantas veces sea necesario, con un alcance que abarca millones de kilómetros cuadrados.

INTERFEROMETRÍA

Se puede definir como la "técnica utilizada en las diferentes ramas de la astronomía, que aprovecha una de las propiedades de la radiación electromagnética (la interferencia entre dos haces de onda) para aumentar la resolución del telescopio utilizado.

Consiste básicamente en cambiar una superficie colectora de gran tamaño (la antena de un telescopio, el espejo de un telescopio óptico) por un conjunto de superficies similares, pero de tamaño inferior, repartidas por un área más o menos extensa, combinando las imágenes recogidas por el conjunto de los telescopios o radiotelescopios. Mediante la técnica de la **interferometría**, se obtiene un resultado equivalente al de un único telescopio o radiotelescopio, con una superficie colectora similar en tamaño a la del área por la que están distribuidos los telescopios menores."[9]. La **interferometría** es una técnica utilizada desde hace tiempo en la radioastronomía.

El **Radar Interferométrico** cuenta con una fusión en la medición de interferencias luminosas o radio eléctricas. El principio del funcionamiento del radar consiste en enviar hacia el objeto que se trata de localizar, una onda de radio, generalmente modulada en impulsos y en recibir las ondas reflejadas por el objeto mismo (ecos radar).

Esquemáticamente, una instalación de radar de impulsos consta de una antena de gran direccionalidad del tipo paraboloide que rotando a un eje o a un punto, emite un estrecho haz de ondas generado por un transmisor, y modulado en impulsos por un modulador. El eco del retorno captado por la antena es enviado a un receptor y después de la amplificación a un indicador. La misma antena es usada para la transmisión y la recepción, de tal forma que sobre la línea de alimentación esté insertado un dispositivo de conmutación que desconecta al receptor durante la transmisión de los impulsos y desconecta el transmisor en el intervalo.

---

[9] CAN ALDA, José Carlos, COLORADO Jacobo Cruces. Interferometría: www.herindser.com/ERSinterfer.html

EVOLUCIÓN.

La aparición del radar se sitúa aproximadamente a mediados de los años 30, cuando muchos países que poseían tecnología de radio impulsaron la investigación en este campo. Fue así como al inicio de 1940 se inventa el magnetrón, instrumento capaz de generar potencias de kilovatios en frecuencias de microondas. Las primeras aplicaciones estuvieron en el campo militar, control marítimo y vigilancia aérea. En los años 50 se avanzó en muchos conceptos; la técnica fue mejorada, llevándose su aplicación al sector de las telecomunicaciones y al civil como un instrumento de gran ayuda en la navegación marítima y aérea; así mismo, aparecen los primeros radares meteorológicos.

En la década de los 60 se inicia la construcción de equipos más complejos, donde los circuitos son mejorados; aparecen los primeros procesadores digitales; los amplificadores se hacen más potentes, al tiempo que disminuyen el ruido y las antenas se caracterizan por ser de fase controlada.

Adicionalmente, con el inicio de la carrera espacial, el radar adquiere un papel más importante en el campo de la defensa y seguridad de los países. La aparición de las plataformas espaciales da impulso sin precedentes a esta tecnología; radares tridimensionales, radares láser o los transhorizonte, con alcances hasta entonces no imaginados; las aplicaciones en áreas como el estudio de recursos naturales, el sondeo marino o subterráneo y sobre todo, la posibilidad de obtener una cantidad de información de extensas zonas, que permiten realizar mapas a escala mundial con resoluciones del orden de pocos metros y la recopilación de datos para otras disciplinas.

En las constantes innovaciones que ha tenido esta tecnología, el radar de apertura sintética, así como la interferometría, se constituyen en la actualidad como herramientas de primer orden para la obtención de información geográfica. Un ejemplo es el trabajo con la técnica de interferometría que la Nasa y su transbordador Endeavour realizó en febrero del año 2000, que permitió cartografiar la tierra en 3D, para poder producir los mapas más exactos del planeta hasta la fecha.

TECNOLOGÍA SAR

Algunos tipos de imágenes radáricas son conocidas como Radares de Apertura Sintética (SAR), técnica utilizada para sintetizar una antena muy larga con la combinación de señales (ecos) recibidas por el radar a medida que recorre su trayectoria. Es preferible una antena larga; entre más larga sea la antena más fino el detalle que el radar pueda resolver y los objetos más pequeños que el radar podrá ver. La apertura sintética puede ser construida moviendo la apertura real o antena a diferentes posiciones. En cada posición una pulsación es transmitida, y luego el eco devuelto al receptor y es grabado en un "almacen de ecos".

Utilizando una analogía, entre más grande sea la cavidad de una linterna más angosto será el rayo de luz. Para una linterna la apertura es la cavidad del reflejo. Similarmente, entre más larga sea la antena más nítidos serán los rayos. El ancho del rayo para una antena (o apertura) de un tamaño D es -X/D en radio, donde X es la longitud de la onda en la cual la antena opera.

Para una antena 'real' de longitud D, y un radar de longitud de onda X, la imagen de un objeto en rango R, el objetivo más pequeño para resolver es de tamaño -X/D. Para una antena de 100 cm, operando en un rango de 6 km en una longitud de onda de 66 cm, daría un tamaño mínimo del objeto de 4000 m. Con la apertura sintética de la longitud de 4000 m, un objeto de tamaño mínimo de 33 cm podrá ser resuelto, ya que la resolución de la apertura sintética es la mitad del tamaño real de antena utilizada.

RADARGRAMETRÍA

Radar significa Detección Radial y Rango. Un radar transmite señales de microondas y mide la fuerza y el tiempo de la energía retornada. El tiempo retrasado (t) del eco, puede ser utilizado para determinar el rango ó distancia R a un objeto, ya que las microondas viajan a la velocidad de la luz, c yR = ct.

Una pulsación de radar emite o transmite un paquete parcial o total de fotones conocidos como pulso. Todos los fotones tienen la misma longitud de onda o frecuencia. La duración de la pulsación (longitud) es x la cual es algunos microsegundos. La pulsación transmitida viaja a la velocidad de la luz por el medio (3×10^8 m/s en el espacio). El nivel de poder de la pulsación transmitida es más ó menos 2,5 kilovatios.

El transmisor del radar genera una pulsación de radar de alta potencia, la cual alimenta al interruptor circulador, que dirige la pulsación transmitida a la antena del radar. Las antenas del radar son construidas para transmitir y recibir pulsaciones en una longitud de onda de radar particular. Durante la transmisión, la antena dirige la pulsación transmitida hacia el área objetivo. La energía reflejada de la tierra regresa como un eco radárico, el cual es entonces recibido por la antena. Durante su recepción, el interruptor circulador dirige los ecos devueltos al receptor de radar, el cual convierte los ecos en números digitales. El dato radárico es pasado a la registradora de datos ó pantalla, que almacena los datos no analizados o muestra la imagen en la pantalla.

Nótese que el radar no transmite ni recibe al mismo tiempo. El interruptor circulador es encendido rápidamente (unas 1000 veces por segundo) entre la posición de transmisión y la posición de recepción. El interruptor también sirve para proteger al receptor de las pulsaciones de alto poder transmitidas, las cuales podrían fundir el receptor.

Muy parecido a la visión humana, un sistema de radar tiene una fuente, un difusor, y un observador. Dentro del sistema de radar, la antena sirve como la fuente y como el observador. El primer paso para coleccionar imágenes de radar es que la antena emita un paquete parcial o total de fotones, conocidos como pulsaciones.

Cuando la antena está emitiendo una pulsación de energía se le refiere como un transmisor. La energía de la pulsación del radar que se refleja, se conoce como señal de retorno, la cual es recogida por la antena. Cuando la antena está recogiendo la señal de retorno, se le denomina como receptor.

Un interruptor automático, conocido como el circulador, se alterna entre la modalidad de transmisor y la modalidad de receptor. El transmisor y el receptor no pueden funcionar al mismo tiempo, porque las energías que están siendo emitidas y recogidas interferirían entre sí. Después de que la energía haya pasado de la fuente (transmisor) al difusor (superficie terrestre) y regresado al observador (receptor), el observador convierte la energía en información digital y la envía al registrador de datos y pantalla. Luego esta información se utiliza para producir la imagen radárico del área determinada.

ALTIMETRÍA LÁSER

Es la medición automática y directa de altura o elevación del terreno desde una aeronave o un satélite, mediante un altímetro de imagen láser. Actualmente existen instrumentos capaces de determinar la estructura vertical de la superficie y la altura de los objetos sobre el suelo, tales como árboles o edificios. Las medidas que se generan son de carácter tridimensional y permiten obtener información de grandes áreas en un día, utilizando el altímetro aerotransportado. Con esta tecnología se evita el trabajo tradicional de grupos de topógrafos que, con base en tierra, emplearían semanas o meses. En todo caso, se deberán seguir los criterios de las normas.

Un altímetro láser montado sobre una aeronave o satélite opera de la siguiente manera: determina la distancia a la superficie de la tierra, midiendo el tiempo de vuelo de una radiación láser; el instrumento emite unas pulsaciones láser, las cuales viajan a la superficie donde se reflejan, parte de la radiación reflejada se devuelve al altímetro láser, el cual es detectado y se detiene el conteo que se inició cuando la pulsación fue enviada. La distancia se calcula fácilmente tomando en consideración la velocidad de la luz.

Para determinar coordenadas (latitud, elevación y longitud) exactas geográficas 3D de cualquier superficie golpeada por la pulsación, es necesario conocer otras informaciones adicionales a la distancia como son la localización de la aeronave y la dirección a la cual estaba dirigida el altímetro esto se obtiene mediante receptores GNSS dentro de la aeronave y un Sistema de Navegación Inercial (INS).

FOTOGRAMETRÍA DIGITAL

EVOLUCIÓN

El año 1851 es considerado por los historiadores como el de aparición de la fotogrametría; en ese año, Lausedat diseñó el primer instrumento para levantamientos fotogramétricos y un rudimentario proceso de restitución; a estos procedimientos los denominó metrofotografía. Posteriormente, a comienzos del siglo XX, se estableció el método estereoscópico y se creó un instrumento para el trazado de mapas utilizando esta técnica. El primer restituidor para toma aérea se construyó en 1915 y contaba con un sistema de proyección óptico. A partir de ese año, y con los avances logrados en la mecánica de precisión, se inició la construcción de restituidores con sistemas de proyección mecánica; firmas como Wild Heerbrugg y Kern

Aarau de Suiza o las Zeiss Oberkochen y Zeiss Jena de Alemania, se convirtieron en pioneros de esta tecnología.

Un restituidor de estas características se compone generalmente de un sistema de proyección, uno de visualización y otro de trazo. Dentro de la gama de restituidores (ópticos o mecánicos) análogos, como se les conoce, podemos mencionar el Balplex y el Topocart. El primero se caracteriza por utilizar fotografías aéreas superpuestas para la producción de mapas a través de un modelo tridimensional del terreno producido ópticamente. El Topocart se emplea para la cartografía en escalas grandes, medianas y pequeñas, de especial importancia en las tareas de restitución de fotogramas métricos, materiales de planeamiento en proyectos de ingeniería, y en la producción de mapas mediante la restitución de modelos sueltos.

Con el desarrollo de la informática, los trabajos de restitución tienen un avance importante. Aparecen los restituidores analíticos que combinan un sistema estereoscópico de precisión con una computadora digital para la medición de coordenadas fotográficas de imágenes y la elaboración de modelos matemáticos.

El procedimiento analítico es la transformación de señales recibidas en forma de ondas a bits (unidad matemática) y luego a pixel (unidad gráfica), que es la transformación en entidades de dibujo que en su conjunto exponen un área descrita. Estos pasos se producen internamente en el sistema y tienen incluidos todos los movimientos predeterminados en los 3 ejes. Para esto, se necesita tener la pareja de imágenes digitales o fotográficas y un dispositivo de ajuste exterior operado manualmente. Con los instrumentos analíticos se logran altos niveles de precisión.

En la década de los 90 surge el concepto de fotogrametría digital, junto con una serie de avances en los instrumentos para el procesamiento de las imágenes, fotográficas y digitales.

EL PROCESO DIGITAL

El trabajo fotogramétrico digital parte de la toma de fotografías o imágenes de satélite sobre la zona de estudio; luego, mediante un escaneo o barrido, utilizando un escáner fotogramétrico, se desarrolla el proceso de digitalización en formato ráster; posteriormente, con dos fotografías o imágenes ya digitalizadas, se sobrecubren longitudinalmente (modelo estereoscópico) y se adelantan las tareas de orientación interna, relativa y absoluta. Una vez orientados los modelos, se obtiene automáticamente el Modelo Digital de Terreno, MDT, de acuerdo con el intervalo de curva de nivel que determine el usuario.

La fotogrametría digital lo que permite fácil acceso al contenido radiométrico de las imágenes, así como a la posibilidad de que aparezcan visualizadas en pantalla. Con esta tecnología, los componentes ópticos y mecánicos resultan innecesarios, permitiendo mayor confiabilidad en el manejo, ya que cuenta con un solo equipo que puede estar integrado a un sistema de información geográfica.

En cuanto a la calidad de las imágenes digitales se puede decir que son más estables y pueden ser cargadas sin necesidad de adelantar tareas manuales, además de permitir control permanente en las tareas de captura de información.

Esta tecnología no es sólo aplicable a fotografías aéreas, también a otra clase de imágenes, sean analógicas, digitales o suministradas por otros sensores, permitiendo trabajar con imágenes provenientes de más de un sensor, proceso que se denomina **sinergismo**. Por ejemplo, se puede obtener una ortoimagen, mediante la combinación de imágenes de cámaras aéreas e imágenes de satélite.

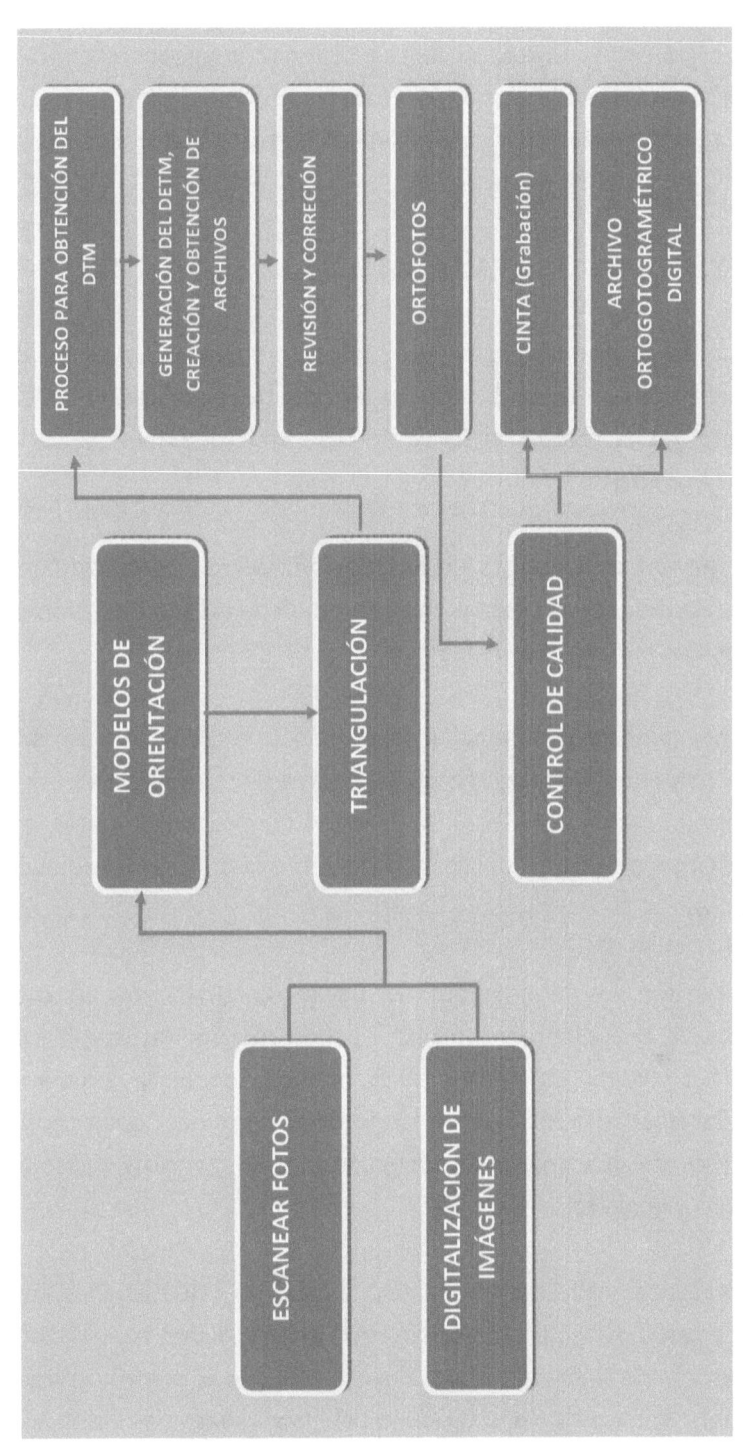

Figura 8. Diseño del autor

Con la fotogrametría digital se logran obtener imágenes rectificadas a escalas (ortofoto digital), restitución fotogramétrica tridimensional de la planimetría y altimetría, y curvas de nivel en formato ráster y vectorial

ORTOFOTOGRAMETRÍA DIGITAL.

La ortofoto es la misma imagen fotográfica, la diferencia está en que se corrigen las distorsiones producidas por el lente de la cámara, su oblicuidad al momento de la toma, las características del terreno y factores de distorsión geométrica.

Tiene las mismas aplicaciones de la fotografía aérea convencional, pero con la ventaja de que con esta técnica se pueden realizar mediciones con precisiones que varían de acuerdo con la escala de trabajo.

Una ortofoto tiene las propiedades de un mapa, pero con características y ventajas visuales de una fotografía aérea, en que al estar ajustada a la escala, nos permite un manejo similar al de un plano convencional, con la ventaja adicional de que en esta se ubican todos los elementos sin preselección o símbolos.

Para la creación de la ortofoto es necesario partir de un modelo estereoscópico o contar con un MDT, producido por la estación digital en forma automática. La calidad de la ortofoto depende directamente de la confiabilidad del MDT y de las fotos o imágenes. Los pasos para la producción de una ortofoto incluyen, toma de las fotos, fotocontrol, triangulación y generación del MDT.

Con las imágenes, inicialmente se llevan a cabo las orientaciones interna, relativa, y externa o absoluta. La orientación interna depende de la distancia focal en la toma de la imagen y busca hacer coincidir el centro óptico de la toma de la imagen con el centro óptico del instrumento de restitución, de tal forma que los ejes de la toma coincidan con los ejes de proyección del instrumento, corrigiendo automáticamente las distorsiones.

La orientación relativa es realizada automáticamente por el sistema, con un 80 a 90 por ciento de correlación exitosa, ya que realiza una interposición de las imágenes, los puntos que formen pares homólogos se eliminan. Esta selección es automática, sólo el sistema trabaja con la altura de vuelo, la distancia en milímetros entre las fajas y la numeración de las fotografías, determinando el sistema, la posición espacial de cada una de las fajas y de cada uno de los modelos.

En la externa o absoluta se debe llevar como mínimo en forma manual a 4 puntos de control que deben ser los extremos del bloque a trabajar, de esta manera el sistema lo lleva automáticamente a los otros puntos de control.

La ortofoto desarrollada con métodos digitales permitió a los métodos tradicionales, la creación de bancos de datos de imágenes digitales y generación de redes de interrelación. Otra posibilidad es adelantar el trabajo de restitución en forma automática.

Los modelos matemáticos involucrados en las bases de memoria y el enfoque que se logra en las lecturas de los detalles, permiten que la técnica digital minimice el control manual en relación con los métodos tradicionales. En la figura 8, se aprecia el sistema de producción de ortofotos.

El proceso de producción de ortofoto digital manera resumida, los siguientes son los pasos que incluye la producción de ortofotografía digital:

- Plan de Vuelo:
- Vuelo
- Toma de Fotografías

Este es un anáglifo, y deberá verse con los anteojos respectivos; si no las tiene, solicítacelos al autor.

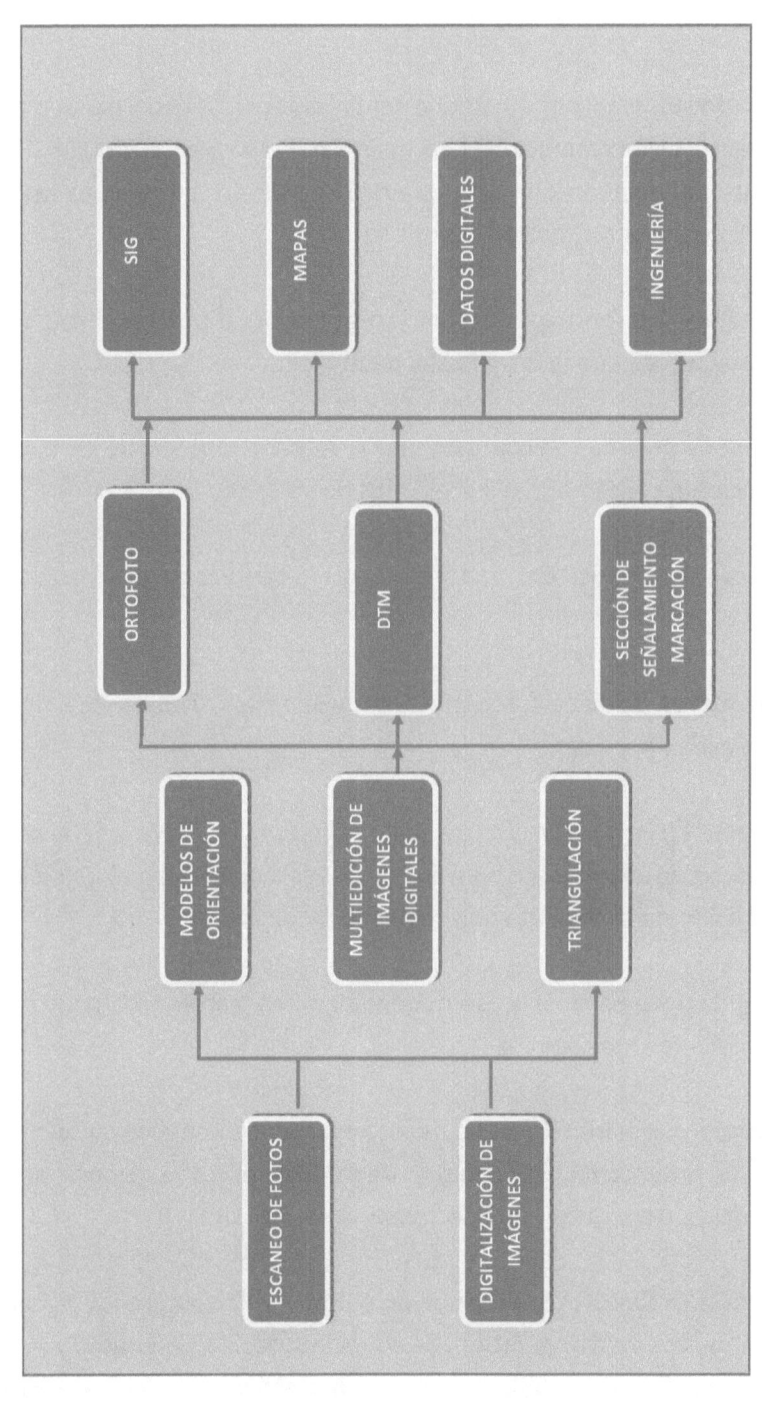

Figura 9. Adaptación de material técnico

INFORMACIÓN DE LA FOTOGRAMETRÍA DIGITAL

Revelado: En esta etapa hay que tener especial cuidado porque al irse a escanear con alta resolución (12.5 micras por ejemplo), cualquier elemento extraño, por mínimo que sea, quedará registrado. Lo ideal es manejar la película con guantes, cortar y empacar.

Impresión: Sea en papel o diapositivas, es ideal una tonalidad bastante balanceada para que la imagen sea buena.

Escaneo: Antes de realizar esta etapa, se debe conocer el certificado de calibración de la cámara, e ingresar los datos al equipo.

Generar Archivos: En un formato predeterminado y se graba en un medio digital.

Fotocontrol: Se hace fotocontrol convencional. Algunos especialistas lo recomiendan por fajas.

Ajuste u Orientación: Se manejan la interna, relativa y la absoluta, la diferencia con los métodos convencionales es que se hace automáticamente, a excepción de la absoluta que requiere medición física.

Triangulación: Es un proceso matemático y se trabaja en bloque para que la ortofoto sea homogénea.

Generación del MDT: Es uno de los pasos fundamentales, ya que permite hacer la proyección ortogonal y da la precisión. Se genera en forma automática, pero debe "pulirse" manualmente.

Generación Ortofoto: Se emplean el MDT y las fotografías digitales con sus elementos de triangulación. Se suman estos dos elementos y se genera la ortofoto. Se proyecta la ortofoto punto a punto en forma ortogonal y se obtiene la ortofotografía con una resolución final que la define quien esta manipulando los elementos, pero que está normalmente asociada con la precisión con que fue escaneada la fotografía inicial. Esta etapa es un proceso netamente de computo.

Mosaico: Es unir las ortofotos en planos o planchas, de acuerdo a como se desee.

Generación de Mapas: Es tomar los mosaicos y colocar la información vectorial. Generalmente llevan curvas de nivel, nomenclatura vial, toponimia, cuadrícula, etc.

Foto cortesía de Servicios Politécnicos
Aéreos S.A (SPASA) - NORTE

EL LÍDAR

El LIDAR es una tecnología que permite determinar la distancia desde un emisor láser a un objeto o superficie, utilizando un haz láser. Similar a la tecnología RADAR, que utilizar ondas de radio en lugar de luz. La distancia al objeto es determinada con base en la medición de tiempo, de retraso entre la emisión del pulso y su detección, a través de la señal que se refleja.

Imagen resultado de la tecnología DSS-LIDAR de Aplanix

CAPÍTULO 5:

INSTRUMENTOS FOTOGRAMÉTRICOS Y DE RESTITUCIÓN

INSTRUMENTOS

FOTOGRAMÉTRICOS Y DE RESTITUCIÓN

El desarrollo tecnológico, tanto de los instrumentos de detección como de tratamiento de la información, que en sus comienzos estuvo muy ligado al campo militar, ha alcanzado niveles importantes, no sólo en los procesos de restitución, sino también y especialmente en los de captura de datos terrestres, que llevaron en la última década a la creación de grandes industrias aeroespaciales destinadas al ofrecimiento de productos: a nacientes mercados de la información cartográfica, ambiental, forestal y oceanográfica, entre otras.

En este capítulo se presenta un panorama de los instrumentos de teledetección y tratamiento de geoinformación, considerados como de avanzada; que incluyen: cámaras métricas digitales aéreas, sensores satelitales y especialmente, el radar interferométrico, y el Lídar, considerados actualmente como los sistemas de mayor importancia en la toma de imágenes terrestre; además, las estaciones fotogramétricas digitales, encargadas de procesar los datos provenientes de los diferentes sensores para ser convertidos en material cartográfico. Veamos inicialmente los conceptos de sensor remoto y restituidor.

SENSORES REMOTOS

Los instrumentos de teledetección o sensores remotos se pueden definir como todos aquellos dispositivos técnicos programados e instalados sobre una plataforma, ya sea móvil (aviones, helicópteros o naves espaciales), permanente (órbita polar o geosincrónica) o semipermanente (satélites), que se encargan de captar la energía electromagnética que emiten o reflejan los objetos sobre la superficie terrestre y enviarla a una estación terrena para ser procesada. Ver figura 10 Sensores remotos.

Los sensores se clasifican en pasivos, si solamente captan la energía emitida por los cuerpos observados o reflejada por el sol; en activos si disponen de su propia fuente de emisión (generador artificial) de energía, sin depender de la luz del sol o de las condiciones atmosféricas, mediante rayos de energía electromagnética que son reflejados por los cuerpos, captada en el sensor y registrada. Adicionalmente, los sensores pueden ser analógicos (cámaras aéreas o de video), o digitales.

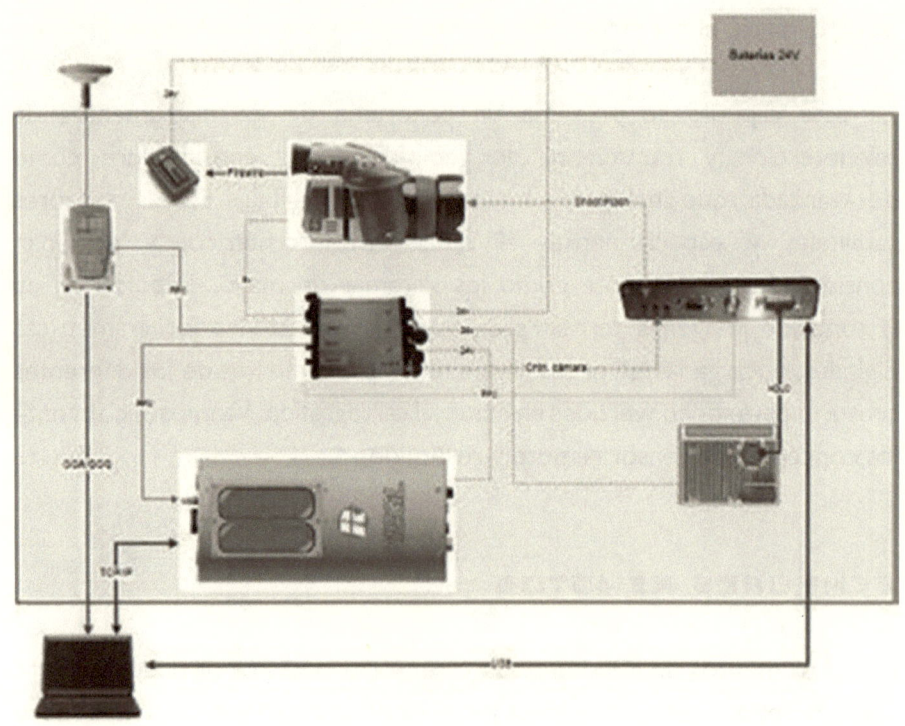

Componentes integrados de un sistema LIDAR cortesía Wilches & Cia Ltda

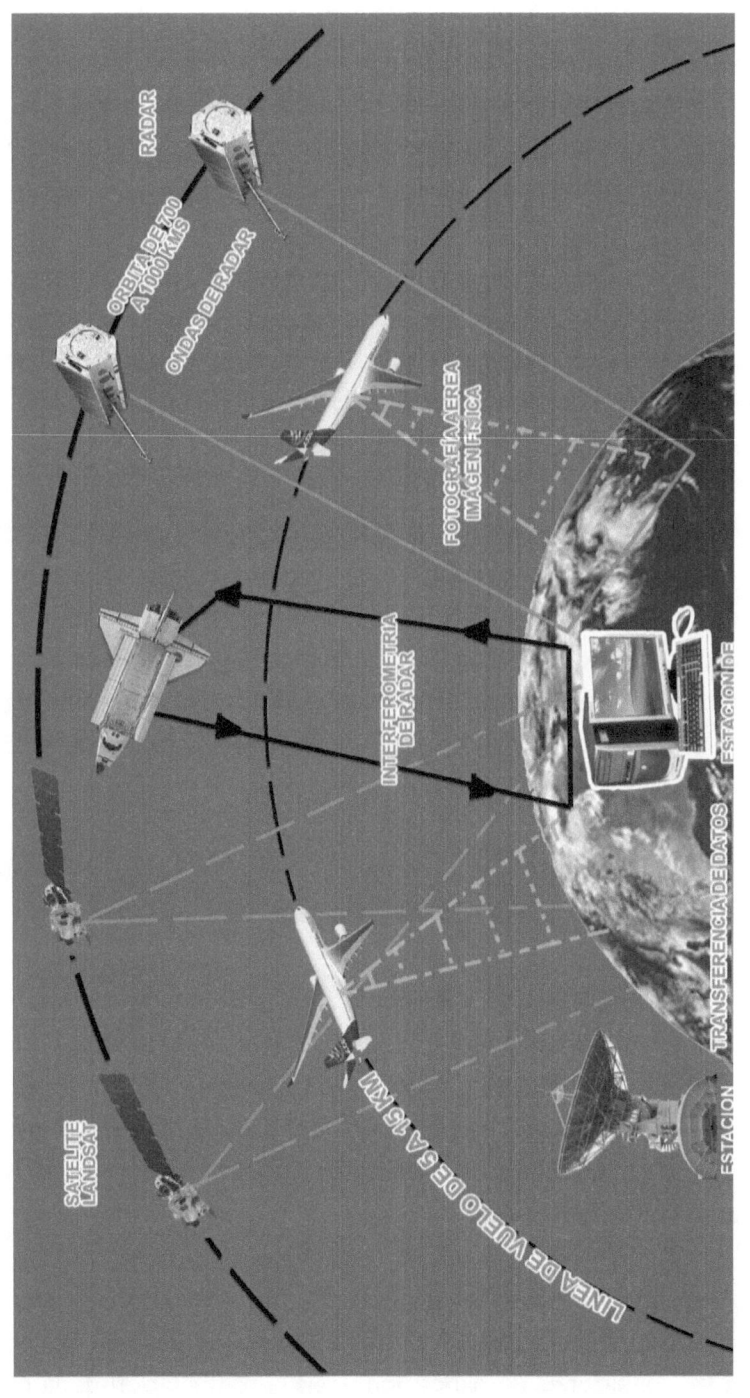

Figura 10. AUTOR * Representación artística del cielo que en el espacio es de color negro.

(Cámaras digitales aéreas, imágenes satélites o de radar aerotransportado). En los sensores pasivos, el elemento fotosensible es una emulsión de una substancia química que reacciona con la radiación de una determinada longitud de onda. En los digitales, la fotosensibilidad está determinada por una substancia que al receptar determinados fotones genera una señal eléctrica que es digitalizada.

Un sensor se compone básicamente de un sistema óptico y una antena, que dirige los rayos electromagnéticos hacia el objeto, opcionalmente puede disponer de un sistema mecánico de barrido. Los sensores pasivos cuentan además con una fuente lumínica o de radiación que proyecta rayos electromagnéticos a la superficie en observación.

Estos sensores pueden ser altímetros, radares de apertura sintética, barredores ópticos o dispersómetros. Con los altímetros se pueden determinar las superficies promedio en mares y océanos, con una precisión del orden centimétrico. Con los radares de tecnología de apertura sintética se obtienen imágenes de la superficie terrestre con resolución de algunos metros. Los dispersómetros ayudan a conocer las características de las superficies observadas o comportamiento del viento en el mar.

CÁMARAS AÉREAS DIGITALES

Las cámaras aéreas han sido consideradas durante mucho tiempo como el instrumento más empleado en teledetección. Las ventajas que ofrecen con relación a instrumentos como el sensor satelital son, por ejemplo, la posibilidad de tener imágenes en escalas menores, siendo útiles en áreas pequeñas; y la de realizar variaciones en los planes de trabajo por el hecho de utilizar plataformas aéreas.

Hasta hace poco, el proceso fotográfico de toma aérea se sustentaba en la impresión sobre películas fotosensibles utilizando un sistema óptico que manejaba las condiciones de exposición. Con la presentación de la cámara métrica digital, en el IX Congreso de la ISPR (International Society of Photogrammetry and RemóteSensing), en Ámsterdam, en mayo del 2000, se dió un paso importante en la evolución de esta tecnología, ya que se sustituye la película sensible en color blanco y negro por un sensor digital, (escáner de 3 líneas) combinando de esta forma la precisión fotogramétrica con la tecnología del sensor remoto.

DESCRIPCIÓN Y CARACTERÍSTICAS

La cámara digital aerotransportada se caracteriza por su amplia cobertura terrestre y capacidad de coleccionar imágenes multiespectros. El sensor es un escáner de 3 líneas, que permite incorporar una posición inercial integrada con GNSS y un sistema de orientación que facilita el pos proceso de la imagen adquirida.

Cámara 439 DSS Applanix

La cámara tiene las siguientes especificaciones:

- Georreferenciamiento directo para una producción más rápida de imágenes ortorrectificadas de calidad sin necesidad de la costosa y demorada AT (Aerotriangulación)
- Software POSPac MMS, que permite un flujo de trabajo cartográfico basado en georreferenciamiento cartográfico dentro de un único GUI (la interface gráfica del usuario), proveniente del inglés Graphical User

Interface; y que ademas permite a los usuarios ejecutar comandos y ajustar parámetros dentro de un único paquete de software.
- Applanix POSTrack Gestión integrada de vuelo y sistema de georeferenciamiento directo.
- Tres opciones de lentes Applanix AeroLens: 40mm, 60mm y 250mm Intercambiables por el usuario sin necesidad de calibración. Construidos específicamente para el entorno aéreo por Carl Zeiss. Los AeroLens 250mm permiten una rápida toma de imágenes digitales aéreas directamente georeferenciadas a grandes altitudes.
- Disparador de plano focal: con velocidad de disparo de 1/4000 seg control automático de exposición, que minimiza el desenfoque por movimiento.
- Análisis de la cadena de imágenes TrueSpectrum para imágenes a color e infrarrojo (CIR) produciendo mosaicos sin difuminados
- Calibración radiométrica para un óptimo balance de color.
- Integración sin difuminado con INPHO tecnología de procesamiento de imágenes (incluida) brindando al usuario alta velocidad de proceso y automatización en la producción de ortofotos y mosaicos.
- Opción de flujo de trabajo RapidOrtho segundos en el aterrizaje.
- Opción de integración LIDAR-helicópteros, incluyendo kits de hardware y software "llave en mano" para producir digitalización del terreno y ortoimágenes.
- Opción de cámara dual, que produce ortoimágenes de 4 bandas en un sólo paso. El DSS 439 Cámara dual de ortofotos adiciona una segunda cámara DSS con una matriz de CCD monocromática específicamente configurada para capturar imágenes cercanas al infrarrojo (NIR).

COMPONENTES DE LA CÁMARA. DSS 439

La cámara DSS integra todos los componentes de hardware y software requeridos para obtener alta precisión, fiabilidad y fácil uso a un bajo precio.

Pero recuerde - DSS es personalizable para ajustarse a sus requerimientos. Una típica configuración incluye:

1. Pantalla táctil POSTrack:
   De vuelo de la misión
2. Cámara:
   El cabezal del sensor de la cámara (CSH) ha sido completamente calibrado. / respaldo digital / exoesqueleto ensamblado
3. Unidad de medición inercial (IMU)
4. Montura de azimuth:
   Disponible la montura estabilizada de 3 ejes con la IMU
5. Sistema de gestión de vuelo:
   Gestión de vuelo
6. Unidad de almacenamiento de datos (DSU)
   Removible, presurizada y con control de temperatura. Capacidad de 7000 imágenes por unidad (Incluye 2, 500GB cada una)
7. Sistema computarizado de cámara (CCS)
8. Sistema de georreferenciamiento directo POS AV:
   Diseñado para el georreferenciamiento directa de los datos del sensor en el aire

SATELITALES Y SENSORES

Satélite GPS de la red Navstar
Fuente USAF

Para este estudio, los **satélites** son plataformas portadoras de los sensores remotos, instrumentos encargados de realizar las tareas de captura de información de la superficie terrestre, marina o de la atmósfera.

Por las funciones que cumplen pueden ser:

- De comunicaciones (radio y televisión).
- De radioaficionados.
- Experimentales.
- Científicos.
- Meteorológicos.
. De navegación.
. De defensa y espionaje.
. De observación.

A continuación algunos de los más importantes satélites con sus respectivos sensores.

LANDSAT -7 (ETM+)

Como se mencionó en el capítulo 2, la serie de satélites Landsat se constituyen en los pioneros en el campo de los satélites con fines diferentes a las comunicaciones. Los primeros tenían características muy similares: un tamaño de 3.5 m de alto x 1.5 de diámetro y un peso de 940 kg aproximadamente. A partir del cuarto lanzamiento modifican su estructura y desplazamiento orbital, así mismo, incorporan un nuevo sensor, el TM (Thematic Mapper) para cartografía, que reemplaza al Multispectral Scanner MSS, mejorando su resolución espacial (30 m), espectral y radiométrica. En el Landsat 7, lanzado en abril de 1999, el TM es reacondicionado y se denomina EncanecedThematic Mapper (ETM+), con la incorporación de nuevas características al sensor, los satélites Landsat logran mayor precisión y amplían el rango de aplicaciones en el estudio de los recursos naturales.

SPOT (HRV)

Los satélites SPOT (Systeme Provatoired' Observación de la Terre) son el resultado del trabajo conjunto de 3 países: Francia, Bélgica y Suecia. El primer satélite de esta serie fue lanzado en 1986 y el último en 1998 (destinado al estudio de la vegetación exclusivamente). En total son 4 satélites situados a una altura aproximada de 834 km, en una órbita media.

El SPOT cuenta con 2 sensores llamados HVR (Haute Resolution Visible) que permiten obtener imágenes pancromáticas y multibanda. Las imágenes pueden tener una cobertura de 60 km, un período orbital de 101 minutos y una resolución temporal de 26 días ERS (SAR).

Considerado el primer satélite europeo de teledetección, el ERS (European Remóte Sensing Satellite) fue puesto en órbita por primera vez en 1991. Está equipado con un radar de apertura sintética, un dispersómetro de vientos, un radar altimétrico, un equipo de barrido térmico y un reflector láser. En 1995 se lanzó el segundo de esta serie, el ERS 2, al que se le agregó un instrumento de microondas, que como novedad se puede emplear en radar de imágenes, modo de olas o modo viento; un equipo de barrido (3 bandas en el visible y el infrarrojo próximo); y sistemas de medición del ozono y oxígeno, entre otros componentes de la atmósfera. El ERS se encuentra a una altura de 780 km, en la órbita heliosincrónica. La resolución temporal es de 3,35 (estándar) y 176 días.

RADARSAT (SAR)

Puesto en órbita en noviembre de 1995 a una distancia de 800 km de la superficie, el Radarsat es un satélite desarrollado por el gobierno de Canadá para el monitoreo de los recursos naturales. Está equipado con un radar de apertura sintética (SAR), que le permite operar de día o de noche, con ventajas respecto a los satélites provistos de sensores ópticos.

APLICACIONES DE LOS SENSORES REMOTOS

Recursos Hidrográficos

- Determinación de áreas y volúmenes de superficies de agua.
- Cartografía de inundaciones.
- Delimitación de zonas nevadas
- Caracterización de zonas glaciales.
- Inventario de cuerpos de agua.
- Determinación de profundidad del agua.
- Detección de zonas de Alteraciones.

Cartografía

- Cartografía y actualización de mapas.
- Categorización de la capacidad de la tierra.
- Categorización urbana y rural
- Planificación regional.
- Diseño de redes de transporte
- Cartografía delimitación tierras-aguas.
- Cartografía de fracturas.

Medio Ambiente

- Control áreas mineras.
- Cartografía y control de polución de aguas.
- Detección de calidad del aire.
- Determinación de efectos de desastres naturales.
- Control medioambiental de acción humana.
- Seguimiento de incendios forestales y estudio de efectos.
- Estimación de modelos de escorrentía y erosión.

Geología

- Reconocimiento tipo de rocas.
- Cartografía de unidades geológicas.
- Determinación de estructuras lineales.
- Revisión de mapas geológicos.
- Delineación de rocas y suelos no consolidados.
- Cartografía de intrusiones ígneas.
- Cartografías de depósitos de superficie volcánica.
- Cartografía de terrenos.
- Cartografías lineales.
- Búsqueda de guías de superficie para mineralización.
- Delineación de campos irrigados.

GEOMÁTICA: TECNOLOGÍAS DE PUNTA

Agricultura y Bosques	Meteorología
• Diferenciación de tipos de vegetación. • Extensión de cultivos, maderas y especies. • Determinación del rango de interpretabilidad y biomasa • Clasificación usos de suelo.	• Análisis de masas y evolución • Modelos climáticos • Tiempo atmosférico • Luces de pueblos y ciudades • Contaminación específica. • Tormentas. • Fuegos.

Oceanografía y Recursos Hídricos	Topografía
• Detección de organismos marinos. • Determinación de modelos de turbidez. • Cartografía térmica de la superficie del mar. • Cartografía de cambios de orillas Cartografía de orillas y áreas superficiales. • Cartografía de hielos para navegación Estudios de mareas y olas.	• Mapas • MDT • Ortofotos • Distancias • Elevaciones • Áreas • Rutas

Con el Radarsat se obtiene información de diverso orden; minera, hidrográfica, medioambiental y telecomunicaciones, entre otras. La resolución espacial es del orden de los 10 m, o menos, y cobertura de 50 km en el modo fino y hasta los 100 m y de cobertura de 500 km en el modo ScanSar Wide.

RADAR INTERFEROMÉTRICO

Por ser considerado como el sensor aerotransportado más importante, se incluye a continuación una reseña especial de un sistema de alta resolución interferométrica[10].

DESCRIPCIÓN Y CARACTERÍSTICAS

El radar interferométrico es un sensor aerotransportado para la captura de coordenadas dentro de una trayectoria, que luego procesa y geocodifica para generar imágenes codificadas.

El sistema que se describe a continuación (AeS-1), fue diseñado y elaborado por la firma alemana, Aero-Sensing Radar Systeme. Entró en funcionamiento por primera vez en agosto de 1996 y ha estado operando desde octubre del mismo año. Tiene una resolución terrestre hasta 0,5 m x 0,5 m o menos, y una precisión de altura hasta 5 cm o menos. Consta de un segmento terrestre y uno de vuelo.

---

[10] El material científico se obtuvo gracias a la colaboración de la firma alemana Aero Sensing Radar Systeme, y especialmente a su director científico, el físico Joao Moreira.

SEGMENTO TERRESTRE

El segmento terrestre está totalmente basado en un sistema PC, cuyo hardware puede ser suministrado por el cliente. Consta de los siguientes subsistemas.

COMPUTADORA PORTÁTIL PARA PLANEACIÓN DE VUELO

El operador ingresa las coordenadas de la trayectoria del vuelo y selecciona los parámetros del radar (resolución y ancho de faja). El sistema de coordenadas puede ser en un mapa local (la proyección de varios países está incluida) o en el sistema WGS84. La planeación del vuelo se hace desde la tierra. Una tarjeta de datos deberá ser programada e ingresada al sistema de control de vuelo del segmento de vuelo del AeS-1. No se necesita experiencia especial del SAR para trabajar el plan de vuelo.

ETAPAS AL DESARROLLAR UN PROYECTO CON FOTOGRAMETRÍA DIGITAL

1. **PLANEACIÓN DEL VUELO:** se realiza con base a cartografía existente y consiste en determinar el recorrido, altura de vuelo y número de fotografías que se realizarán.

2. **TOMA DE FOTOGRAFÍAS:** es el momento exacto cuando el avión sobrevuela la zona previamente determinada y efectúa la toma de la fotografía, depende de condiciones climáticas.

3. **CONDICIONES TÉCNICAS DE TOMA:** para la salida final escala 1:10.000 se producen fotografías con una escala aproximada 1:20.000 y para la salida final escala 1:2.000 se producen fotografías a escala

aproximada 1:10.000. Para escalas mas grandes se realizan vuelos mas bajos.

4. **REVELADO Y ESCANEO DE LA IMÁGENES**: se realiza el revelado del rollo y posteriormente se adquiere la imagen a través de un escáner de alta resolución. Para fotografías escala 1:20.000 se realiza un escaneo a 21.16 micrones y para fotografías escala 1:10.000 se realiza un escaneo a 15 micrones o en su defecto se adquiere la imagen digital.

5. **FOTOCONTROL:**

   a) Distribución previa de puntos de control sobre copias de contacto.
   b) Desplazamiento a campo y captura de información georeferenciada con equipos de GPS o Sistema de posicionamiento global de alta tecnología y precisión.
   c) Post proceso de la información.
   d) Obtención de coordenadas geográficas y cartesianas de los puntos que servirán de base para el proceso de la aerotriangulación (X, Y, Z).
   e) Materialización de puntos de fotocontrol.

6. **AEROTRIANGULACION:** Densificación de puntos de control a través de procesos matemáticos y fotogramétricos. Precisiones según estándares Institutos Geográficos, para salidas gráficas escalas 1:10.000 y 1:2.000. Determinación de puntos de paso, entre fajas y Fotocontrol. Ajustes con software especial para detectar y eliminar estadísticamente errores gruesos. Consecución de parámetros de cada imagen (X,Y,Z, Omega, Phi, Kappa). Generación de estéreo modelos.

7. **RESTITUCIÓN:**

   a) Modelo de datos a trabajar.
   b) Reglas topológicas.

c) Estaciones 3D
d) Generación de modelos digitales
e) Generación de curvas a través de interpolación con modelo digital de terreno.

8. EDICIÓN:

a) Mejoras de los elementos línea, punto y polígono.
b) Creación de la lista de niveles
c) Cambio de color, estilo de línea y fuentes.
d) Realización de impresión en gran formato (ploteo).

9. ETAPA DEL DESARROLLO DEL PROYECTO, LA ORTOFOCO COMO PRODUCTO FINAL

ORTOFOTOGRAFÍA: composición de varias fotografías perfectamente referenciadas donde cualquier punto sobre el TERRENO, tiene una proyección ortogonal, lo cual permite realizar medidas reales sobre la fotografía. Para este fin se crearon dos juegos de fotografías una con mejoras radiométricas y otras crudas con mejor visualización de brillos.

SISTEMA DE TRANSCRIPCIÓN

Transcribe los datos no analizados que están grabados en un sistema de disco de red a Cintas Lineal Digital (DLT) que tienen una capacidad de almacenamiento de 20 Gbytes. Los datos de vuelo del sistema DGNSS y Navegación Inercial (INS) también son procesados y sincronizados con los datos no analizados del radar. No es necesario tener experiencia especializada en SAR para llevar a cabo la transcripción.

PROCESAMIENTO SAR Y GEOCODIFICACIÓN

Lee los datos no analizados de las DLT; procesa los datos no analizados y escribe los resultados dentro de las DLT. El procesamiento es realizado por una red de PC's interconectados por red de operación rápida de Ethernet. Un PC puede procesar una imagen de resolución completa de 2 km. x 2 km. en 16 horas generando las siguientes salidas: terreno total geocodificado con una altura de precisión hasta de 5 cm (dependiendo de la resolución terrestre del modelo terrenal), imágenes SAR totalmente geocodificadas y calibradas radiométricamente con una resolución terrestre de 0,5 m x 0,5 m y un mapa coherente totalmente geocodificado. Los productos de menor altura y resolución terrestre son procesados en un tiempo más corto. No es necesario tener experiencia especializada en SAR para llevar a cabo el procesamiento.

Imagen con radar interferométrico, precisión 0.5 m. Cortesía de Aerosensig Radar Systems.

ARCHIVO

Maneja los datos no analizados y procesados y tiene un sofisticado interfaz hombre máquina para enviar los trabajos al procesador SAR.

ESTACIÓN TERRESTRE GNSS

Consta de un receptor GNSS de alta ejecución y de un enlace de datos de radio hacia el avión, permitiendo una cinemática DGNSS de tiempo real durante la medición del vuelo. La información recibida por la estación terrestre es archivada para el procesamiento DGNSS de alta precisión fuera de línea.

SEGMENTO DE VUELO

El segmento de vuelo de la AeS-1 puede ser instalado en pequeñas aeronaves. Ya ha sido instalado en aeronaves Cessna 207ª, Dornier 228, Skyvan, y en Aerocommander 690. Es un sistema totalmente automático. Insertando la tarjeta de datos que fue generada por el sistema de planeación de vuelo al segmento de vuelo AeS-1, el AeS-1 le suministra al piloto toda la información para la medición de vuelo a través de una pantalla. Durante el vuelo el piloto tiene que seguir la trayectoria demarcada en la pantalla. No es necesario un copiloto, ni un operador, el radar llevará a cabo la medición automáticamente. El piloto tiene la información de la posición de tiempo real con la absoluta precisión de 1 m. Esto permite que la trayectoria de vuelo sea realizada con suma precisión. En la práctica el piloto obtiene una posición de error dentro de 10 -15 m entre la trayectoria de vuelo y la ideal, durante la total trayectoria de vuelo.

La instalación del segmento de vuelo AeS-1 en una aeronave no preparada puede llevarse a cabo en una semana. En una aeronave preparada la instalación dura un par de horas.

El segmento de vuelo tiene las siguientes características:

- Frecuencia de operación: 9,35 - 9,75 Ghz.
- Sistema de ancho de banda: 400 MHz.
- Frecuencia de pulsación repetitiva: 16 kHz.
- Resolución terrestre: hasta 0,5 m x 0,5 m
- Ancho de la faja: 1 a 15 km. (Mas grande la faja => resolución terrestre más baja).
- Velocidad de vuelo: 50 - 200 m/s (mayor velocidad => resolución terrestre más baja).
- Altitud de vuelo sobrepasando NN: hasta 3500 m sí la presión esta disponible.
- Dimensiones : 1.1 m de ancho, 1 m de Alto, 0,55 m de distancia
- Peso : 200 kg. Incluyendo las antenas.

La fuente de poder: 28 V, 80 A máximo. Incluye los siguientes subsistemas:

ANTENAS

Cada una tiene un peso de 3 kg, y un tamaño de 36 cm de ancho por 13 cm de alto, por 15 cm de longitud y puede ser fácilmente instalada en la aeronave. Tiene una línea base entre las antenas para la trayectoria cruzada interferométrica; ésta debe ser alrededor de 1.5 m.

TRANSMISOR/RECEPTOR

Utiliza un oscilador local muy preciso, un chip generador digital, y un amplificador base de salida TWT. Circuladores de alta velocidad permiten una alta operación interferométrica hasta una frecuencia de pulsación repetitiva de 16 kHz.

Novatel UIMU-LCI

GENERADOR DE RELOJ, COMPUTADORA DE CONTROL Y UNIDAD DE LA RED DE DISCO

La computadora de control, controla el transmisor, receptor, generador de reloj y la unidad de la red de disco; y es a su vez controlado por el sistema de de control de vuelo. Se estima que las unidades del futuro tendrán capacidades en el orden de los Terabytes. En el orden de la decena de Gigabytes, la tasa de registro de datos por unidades es cercana a los 20 Mbyte/s.

SISTEMA DE CONTROL DE VUELO

Basado en un sistema GNSS cinemática en línea acoplado con un Sistema de Navegación Inercia (INS). Los datos de la estación terrestre GNSS son recibidos y procesados en tiempo real.

APLICACIONES CON RADAR INTERFEROMÉTRICO

Un sistema de radar interferométrico, básicamente tiene la misma utilidad práctica, que en la cartografía digital permiten las imágenes fotográficas y otro tipo de imágenes satelitales, debido a que la precisión dada, puede ser hasta 15 cm, permitiendo la elaboración de mapas a escala 1. 500.

En el área de investigación:	En aplicaciones concretas:
• Cartografía • Ecología • Tecnología del medio ambiente • Hidrología • Arqueología • Geografía • Geología • Geodesia • Oceanografía	• Propósitos humanitarios • Cálculos Técnicos de Ingeniería en muchos campos • Observaciones de bosques • Re-cultivo • Re-naturalización • Mapeo • Mediciones de los bosques

GEOMÁTICA: TECNOLOGÍAS DE PUNTA

La NASA acaba de hacer pública la imagen más precisa de la Tierra, tomada por el satélite sonda "Blue Marble", con una resolución de potentes 8000 x 8000 pixeles haciendo uso de la mayor tecnología actual.

A través del reciente satélite "Canica azul" con sus iníciales órbitas a inicios de enero de este año, se ha obtenido la fotografía más espectacular del exterior de nuestro planeta hasta el día de hoy.

Fuente: Noticia tomada de http://www.impre.com, el día 26 de enero del 2012.

RESTITUIDORES

Los restituidores son los equipos encargados de adelantar las tareas de procesamiento y transformación de los datos o imágenes, capturados por los instrumentos de teledetección, para posteriormente ser convertidos en productos cartográficos.

Un restituidor permite restablecer en forma gráfica, y en 3 dimensiones, la escena de un terreno, tomando en cuenta sus principales características geométricas y altimétricas. El trabajo de restitución está ligado a tareas de solución de ecuaciones matemáticas que relacionan coordenadas de imágenes con las de terreno o de un mapa.

ESTACIÓN FOTOGRAMÉTRICA DIGITAL

Una estación fotogramétrica digital se puede definir como el conjunto de herramientas, tanto de software como de soporte físico, que permiten, a partir de la recepción de unos datos o imágenes fotográficas, adelantar un proceso de restitución; esto es, convertir los datos en imágenes digitales mediante una serie de pasos analíticos y matemáticos que el equipo realiza.

DESCRIPCIÓN Y CARACTERÍSTICAS

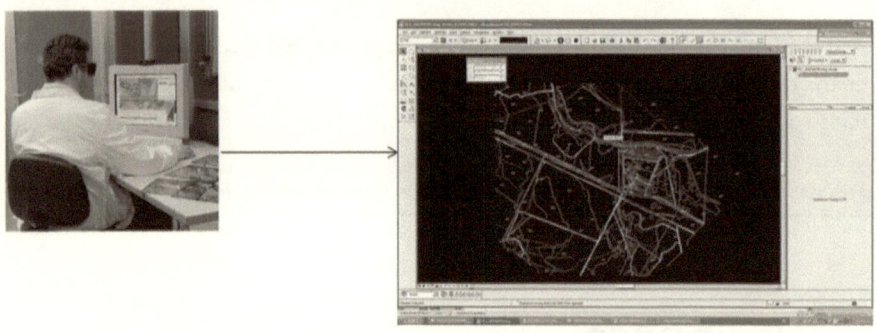

- Un computador personal con doble procesador de aproximadamente 850 Mhz de velocidad.
- Una memoria principal de 264 megas.
- Disco duro de 20 gigas o más.
- Tarjeta de video para visión estéreo de 120 megas.
- Un emisor de señales infrarrojas.
- Un par de gafas de cristal líquido.

- Un mouse de tres botones.
- Un mouse 3D especial que reemplaza la mesa del instrumento.
- Una interface para el mouse 3D.
- Un monitor a color de alta definición.
- Unidad de CD y diskette.
- Teclado.
- Un escáner fotogramétrico.
- Un plotter.
- Un paquete de programas dirigidos a las necesidades fotogramétricas, como son gestión de los datos, producción del MDT, mapas de imágenes, orientación interna o definición del área de escaneo, entre otras.

EL ESCÁNER FOTOGRAMÉTRICO

Imagen: Escáner fotogramétrico a color - Vingeo.

La palabra escáner se refiere a un instrumento que permite realizar un proceso de digitalización de una imagen fotográfica o digital; esto es, transformar algo físico en elementos digitales (bits), que puedan ser almacenados y manipulados en un computador.

Este procedimiento (en el caso específico de imágenes fotográficas) tiene 3 etapas: inicialmente, la imagen, iluminada mediante un foco de luz, es conducida a través de unos espejos o lente, a un sensor denominado CCD (Charge Coupled Device) que se encarga de transformar la luz en señales eléctricas; posteriormente, y mediante un conversor análogo-digital (DAC), estas señales se convierten a un formato digital y por último, los elementos resultantes (bits) son transmitidos al computador.

Los escáneres fotogramétricos difieren radicalmente de los escáneres convencionales, veamos algunas diferencias:

LUZ

En un escáner convencional, la intensidad de luz no tiene un requerimiento específico, hace un barrido normal; el fotogramétrico (que va en una bala de neón) primero que todo debe poseer una intensidad estable y continua, además de una radiometría perfecta durante todo el proceso.

MOVIMIENTOS MECÁNICOS

Los fotogramétricos deben poder ser calibrados al máximo, conocer sus errores y poderlos compensar. En los convencionales la velocidad de barrido no es tan crítica.

PIXEL

En los fotogramétricos el pixel ya no es rectangular sino cuadrado, esto garantiza una geometría estable.

SOFTWARE

Cuentan los fotogramétricos con un software de altísimo desarrollo para compensación de histogramas o manejo de intensidad luz, por ejemplo.

PRECIO

La diferencia entre unos y otros es igualmente, bastante alto.

APLICACIONES

Para este trabajo de aplicación de las herramientas fotogramétricas se escogió un trabajo de restitución, y específicamente, de ortofoto en la zona cafetera colombiana, donde ocurrió el sismo en enero de 1999.

Ortofoto digital en la zona cafetera

Con el propósito de realizar un trabajo que de determinar los alcances del sismo en el eje cafetero, el INGEOMINAS, solicitó adelantar un trabajo de restitución convencional a 27 municipios de la zona afectada. Dada la cartografía desactualizada con que se contaba (del año 1976), se determinó que un trabajo con fotogrametría convencional de 27 municipios en un plazo estipulado no mayor a 45 días resultaría casi que imposible de realizar, así participarán todas las empresa dedicadas en el país al trabajo fotogramétrico. De ahí surgió la posibilidad de adelantar un proyecto de ortofoto digital en toda la zona afectada.

Con la ortofoto digital, se planteaba una solución integral desde el punto de vista geomorfológico, ya que se podía de esta forma apreciar ópticamente y rápidamente la magnitud el desastre: estado de las viviendas, ubicar las fallas del terreno en toda la región, ofrecía además la altimetría básica para determinar los grados de pendiente y estudios de agua. Por todo esto se optó por hacer el trabajo de ortofoto digital, con la restitución de ríos que era lo más importante y toda la altimetría. De esta forma se logró desarrollar el trabajo en los 27 municipios y dentro del plazo de los 45 días que se tenían programados.

LA PRODUCCIÓN CARTOGRÁFICA

Finalizadas las tareas fotogramétricas se procede, mediante herramientas específicas, a un trabajo de composición y producción de materiales cartográficos, para la obtención de un primer original. Con estas herramientas se pueden generar desde simples materiales geométricos o simbólicos, hasta sistemas para la representación cartográfica.

Los sistemas informáticos de diseño asistido y mapeo automatizado, conocidos como CAD (Computer Aided Design) y AM/FM (Automatic Mapping and Facilities Manegement) respectivamente, facilitan la tarea gráfica dirigida a la obtención de mapas, dibujos y planos.

El sistema CAD se creó inicialmente con el fin de generar elementos gráficos similares a los obtenidos por medios manuales, sin ninguna pretensión en el campo de la producción cartográfica. Posteriormente aparecieron sistemas con software más completos que permiten realizar el dibujo de mapas, correcciones en pantalla, adiciones o los cambios que el usuario requiera. Algunos programas cuentan con opciones de ampliación para revisar zonas que por su configuración generen dudas y exijan revisiones más detalladas. Con el CAD se logra mayor precisión, calidad y rapidez en la elaboración de este tipo de proyectos: Adicionalmente, por su formato digital, permiten manipulación, transmisión, revisión, ajustes y producción de copias al instante.

Los AM/FM son en la práctica los verdaderos sistemas dirigidos a la producción cartográfica en forma automática, utilizando las herramientas informáticas disponibles. Se diferencian de los CAD, en que los AM/FM deben contar con la opción de relacionar elementos de la base de datos gráfica con datos alfanuméricos que puedan caracterizarlos. Son considerados, además, como el sistema intermedio entre un CAD y los SIG; estos últimos, son los sistemas más completos y desarrollados para el análisis e interpretación de la información geográfica y por ende, con la disponibilidad de contar con instrumentos gráficos y cartográficos de iguales características.

Para las tareas propias de reproducción en serie, (que por sus características no realizan ninguno de los sistemas anteriores), se recurre a instrumentos de las artes gráficas que puedan manejar el elemento cartográfico como una imagen y faciliten realizar su impresión en grandes cantidades, sin perder la calidad del original, ya que cuentan con una variedad de programas especializados en diseño gráfico que, no sólo amplían el control en la generación de salidas, sino que además ofrecen alternativas en la simbolización, precisión, control y calidad de color, entre otras. Esto, porque están creados para trabajar bajo el concepto de la visualización, mientras que los sistemas como el CAD o los SIG, buscan emular al máximo modelos de la realidad.

CAPÍTULO 6:

LA PRODUCCIÓN CARTOGRÁFICA

RECEPTORES DE POSICIONAMIENTO (GNSS)

Los primeros receptores de uso civil aparecieron en el año 1984, gracias a la decisión del gobierno norteamericano de permitir la utilización del sistema de posicionamiento satelital, hasta entonces reservado al sector militar y a algunos estatales.

CLASIFICACIÓN

De acuerdo con el grado de precisión y a los propósitos en que son empleados, los GNSS se clasifican en:

Navegadores: Trabajan en forma autónoma con precisiones de 15 metros (tradicionalmente es lo garantizado por el fabricante), en la frecuencia L1 y su posición es promediada de modo absoluto. Los GNSS de esta clase pueden considerarse una evolución de los sistemas tradicionales de navegación aérea y marítima, pero diseñados para uso personal. Permiten adelantar cualquier clase de navegación, orientación básica y almacenamiento de datos. Es importante anotar que no trabajan con datos analógicos, por tanto, no son ideales para determinar factores atmosféricos.

Relativamente son de bajo costo; cuentan con un aceptable sistema de recepción y cálculo para lograr orientación y posición deseada, seguimiento de rutas o desvíos en los desplazamientos.

Los receptores portátiles más comunes tienen un tamaño similar a un teléfono celular (algunos la mitad) y su peso no excede los 250 gramos. Su estructura externa está diseñada para condiciones relativamente difíciles, resistentes al agua o impermeable; la antena receptora puede ser integrada o desmontable para su instalación en un sitio cercano, obteniendo mejor recepción de la señal. La pantalla generalmente es de cristal líquido de alto contraste, la mayoría con una dimensión similar, donde lo importante es la resolución.

Sus aplicaciones incluyen el turismo de aventura, navegación aérea, terrestre, marítima y ubicación de zonas arqueológicas, entre otras.

Cuando apareció el GPS pocos confiábamos en él. Al parecer magia, había mucha incredulidad.

Integrados a SIG: Su precisión es submétrica o menor a 15 metros. Cuentan con un soporte de software que les permite ajustar los datos de posición recibidos por un método de corrección diferencial, así como planear las mejores geometrías satelitales para períodos de observación más precisos. Se caracterizan por su almacenamiento de datos y sus funciones de formatos para archivos DXF o RINEX.

Geodésicos y **Topográficos:** Son los de más alta precisión; va desde +/- (50 cm + 1 ppm) hasta +/- (5 mm + 1 ppm), para trabajos que requieren mediciones muy exigentes. Vienen con un soporte de software que sintetiza y ajusta en cuestión de minutos los datos receptados por satélite, con posibilidad de vistas gráficas y edición con sus propias herramientas de diseño.

Tienen la posibilidad de transformar sus archivos a un formato universal (RINEX), así como de generar archivos DXF para AUTOCAD. En geodesia se trabaja al milímetro y en topografía al centímetro. Proporcionan las coordenadas de los puntos requeridos. Se utilizan también en batimetría, fotogrametría, geología y minería, entre otras áreas.

Receptor Triumph-NT Receptor Triumph-1

APLICACIONES

Sin duda alguna, las diversas áreas de aplicación del GNSS son lo más relevante en esta tecnología. Cada día, las investigaciones permiten hallar nuevos campos en que el posicionamiento resulta de gran ayuda: seguimiento y localización de vehículos, salvamento en caso de desastres, sincronización del tiempo, estudios de comportamiento en los animales, estudios sísmicos, ambientales o apoyo en los sistemas satelitales, entre otros. A continuación se comentan algunas de las más importantes y novedosas aplicaciones que en la actualidad se realizan con este instrumento.

Seguimiento de vehículos:

Desde su aparición, los sistemas GNSS de localización y seguimiento automático de vehículos se constituyeron en una herramienta de gran ayuda en el manejo, control y apoyo a grandes compañías de transporte y conductores en todo el mundo.

El sistema opera de la siguiente manera: en una base receptora, ubicada en tierra, dotada con un GNSS y mediante un rastreo satelital, se obtiene la posición de localización empleando una representación gráfica del vehículo en un mapa digital, esta posición y la configuración de una red (que genera a través de un software) le permiten al operador monitorear el desplazamiento de los autos en áreas geográficamente extensas.

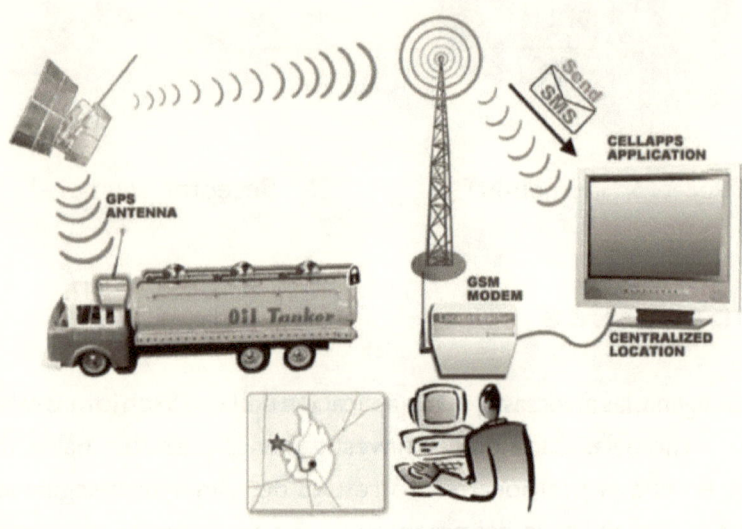

De esta forma se detectan las posibles alteraciones de ruta u otros factores que puedan afectar el normal desarrollo del desplazamiento. Es factible además, implementar planes de organización de rutas en zonas urbanas, así como prestar apoyo en casos de emergencia a vehículos que lo requieran o ubicar otros que por diversas circunstancias se hallen perdidos. En algunos programas existe la opción de que el conductor pueda contar con una pantalla donde visualice, mediante un mapa, el comportamiento de otros componentes de la flotilla de vehículos e informar a la central de despacho, si observa situaciones anormales.

Con la aplicación de esta tecnología se logra, no sólo mayores niveles de seguridad, sino que además, y de acuerdo con las configuraciones que el operador genere del sistema, obtener múltiples funciones y beneficios que mejoren los niveles de rendimiento en los desplazamientos.

Minería:

En este sector, el sistema GNSS[11] se utiliza en la supervisión y trabajo de maquinaria, como por ejemplo, mediciones topográficas o control y despacho de volquetas; en la implementación en equipos de perforación y navegación en determinados instrumentos.

Con el GNSS en minería, se busca eliminar determinadas tareas topográficas o hacer incluyentes los equipos, y poder obtener reportes automáticos del comportamiento de los equipos en tiempo real, así como racionalizar y controlar permanente su funcionamiento.

Estudios Geodinámicos: (proyecto Casa - Centro y Suramérica)

En 1988 se inició un programa de cooperación con el patrocinio de la NSF y de la NASA, para un período de 10 años destinado a la información sismotectónica, donde participaron 25 organizaciones en 13 países utilizando 43 receptores GPS en 590 estaciones por día; sus propósitos científicos fueron:

- Conocer la sismotectónica de Centro y Suramérica, al nivel de interplacas y de intraplacas de la región.
- Medir líneas base interplacas.
- Medir líneas intraplaca.
- Establecer una red de nivelación interplaca, Centro y Suramérica.

Entre 1996 y 1998 el análisis de datos y el modelamiento de la interpretación geológica, presenta como resultados:

- Establecimiento de un marco de referencia regional.
- Valores de desplazamiento relativo de las placas tectónicas convergentes en el noroccidente suramericano.

---

[11] En muchas aplicaciones se usa un solo sistema de los GNSS: GPS.

Otras aplicaciones que podemos mencionar son:

- Determinación de la ondulación del geoide para lugares específicos.
- Densificación de redes geodésicas, redes fundamentales para cartografía y puntos de apoyo fotogramétrico.
- Batimetría.
- Formación, implementación y actualización de bases de datos georeferenciadas con información espacial.
- Analizar el grado de actividad tectónica en relación con la actividad volcánica.
- Monitoreo ambiental.
- Monitoreo de la ionosfera para obtener una evaluación precisa del retardo generado por el contenido total ionosférico.
- Servicios públicos.
- Teledetección satelital.
- Levantamientos hidrográficos.
- Precisión cinemática en levantamientos topográficos.
- Guía de robots y otro tipo de maquinaria.
- Precisión en posicionamiento de aeronaves.

HARDWARE TOPOGRÁFICOS

Desde la aparición de los primeros niveles electrónicos y estaciones totales, se inició un proceso de cambios en los equipos: reducen su estructura interna mecánica para dar paso a circuitos integrados y a instrumentos con mayor precisión y rapidez en el desarrollo de los trabajos.

En este punto, se presenta una descripción de instrumentos digitales como son: el nivel electrónico, las estaciones totales y robóticas de última generación; igualmente, los sistemas de control automático de maquinaria con láser incorporado; así como el software, cuya aplicación se extiende también a las áreas de la cartografía, hidrografía y geodesia, entre otras.

TEODOLITO

El principal componente de una estación es el teodolito digital. Este instrumento es el resultado de la evolución de los diversos equipos empleados en la toma de ángulos horizontales y verticales; su ventaja más importante es que las lecturas manuales de las escalas en círculos graduados quedan eliminadas y se pasa a una lectura automática de ángulos y distancias. Adicionalmente, se caracterizan por exhibir en una pantalla y en forma digital estos valores angulares, eliminando el error de cálculo del ojo humano y facilitando la lectura y escritura de los datos en forma similar a una calculadora.

El teodolito se compone básicamente de un telescopio y dos discos graduados (vertical y horizontal) complementados y soportados sobre una base nivelante, que tiene a su vez un nivel esférico el cual determina la nivelación del armado, y uno tubular que permite la nivelación del equipo.

Inicialmente, su implementación presentaba rechazo a la electrónica en aparatos de precisión.

DISTANCIÓMETROS

En los años 50, con la aparición de los instrumentos electrónicos (electro-ópticos y electromagnéticos), se presenta uno de los avances más importantes en el campo de la medición de distancias hasta entonces realizadas con cinta.

El principio básico de estos equipos consiste en determinar el tiempo que requiere una onda electromagnética de velocidad conocida, en ir y volver de un punto a otro. El tiempo empleado por ciclo es controlado por el instrumento y al conocer la velocidad y el tiempo total, se logra obtener la distancia. Los primeros equipos de estas características fueron el geodímetro Bergstrand (1948) y el telurómetro Wadley (1957).

En los años 60, la tecnología de los distanciómetros electrónicos fue mejorada; se diseñan diodos emisores de luz más compactos, con reducción de su tamaño, que obtienen mayor precisión, requieren menos potencia y que son fáciles de manejar y transportar. De esta forma se abrió paso la posibilidad de integrarlos a los teodolitos.

COLECTORES DE DATOS

Los microprocesadores nacieron de la necesidad de contar con un instrumento moderno e incorporado, de gran capacidad de almacenamiento de información, que evitara la recolección manual de datos, asegurara la calidad de los mismos y redujera el tiempo en los procesos de manipulación en los trabajos de campo.

Los primeros dispositivos electrónicos que aparecieron en el mercado fueron los colectores de datos construidos por los suizos en el año de 1985, siendo de carácter periférico externo, pero que por ser función de simples colectores, la capacidad de su memoria estaba restringida. Inicialmente, cada casa matriz construía sus propios colectores que se acoplaban específicamente a sus equipos. En 1988, la industria japonesa entra al mercado con una tecnología actualizada y compatible con la mayoría de equipos de las diferentes compañías.

Posteriormente aparecen las carteras electrónicas, que a diferencia de los colectores, tienen la ventaja de contar con varios programas, un diseño que permite la inserción de tarjetas para ampliar su memoria, así como de un sistema de interface, que permite conexión al equipo de trabajo en el campo y a la computadora en la oficina. Con esto, se obtiene un mayor rendimiento, ya que dentro de sus funciones contienen programas de ajuste, manejo de archivos diseño de vías, trabajos hidráulicos y otras aplicaciones de las tareas topográficas.

Las carteras internas, por el contrario, vienen integradas a las estaciones totales por lo que se consideran como colectores de datos integrados, es decir, colector + medio de almacenamiento de datos. De acuerdo al fabricante y al modelo de estación total, se encuentran equipos que poseen una memoria interna de almacenamiento (entre los 64 MB y 1GB) y más, combinada con dispositivos extraíbles de almacenamiento, como es el caso de la serie de estaciones ES de Topcon, que puede usar un dispositivo Flash USB de hasta 8 GB; también se pueden encontrar equipos que usan memorias extraíbles del tipo SD card, como la serie NTS 370R de South o memorias Compact flash. Con la introducción de estos métodos de ampliación de memoria, se puede hablar de una capacidad de almacenamiento del orden de los millones de puntos, evitando el uso continuo de cable para descarga de datos. Además, se dispone actualmente de dispositivos inalámbricos que descartan parcialmente el uso de interfaces cableadas, usando conexiones tipo Bluetooth o WiFi, que complementan los actuales métodos de transferencia de datos entre la estación total y los computadores usados para el procesamiento de datos.

EVOLUCIÓN

Las estaciones totales digitales, son el resultado de la fusión en un equipo compacto, de una serie de instrumentos independientes, que anteriormente realizaban funciones como la medición de ángulos, toma de distancias y recolección de datos, generalmente de una manera manual y óptica y que dejaban abierta la posibilidad de error en la toma de medidas y captura de información.

ESTACIONES TOTALES, DIGITALES Y ROBÓTICAS

La integración en un solo equipo, de un teodolito digital, un microprocesador (con un colector de datos) y un instrumento electrónico de medición de distancias (distanciómetro), controlados por un software de aplicaciones, es conocida como Estación Total.

Las estaciones totales permiten realizar automáticamente la medición de ángulos horizontales y verticales, almacenar datos, calcular elevaciones, coordenadas y conocer al instante los componentes horizontales y verticales de las distancias.

Algunas de ellas efectúan correcciones cuando existen errores de carácter instrumental. Algunas de última generación conocidas como robóticas, cuentan con un sistema de control remoto que permite que su operación se reduzca a una sola persona.

ESTACIÓN TOTAL

Descripción y Características

GEOMÁTICA: TECNOLOGÍAS DE PUNTA

Con importantes diferencias en sus funciones y diseño, las estaciones totales de última generación que se comercializan en el mundo, presentan en su gran mayoría las mismas características. En la figura siguiente se puede apreciar los componentes externos de una estación total.

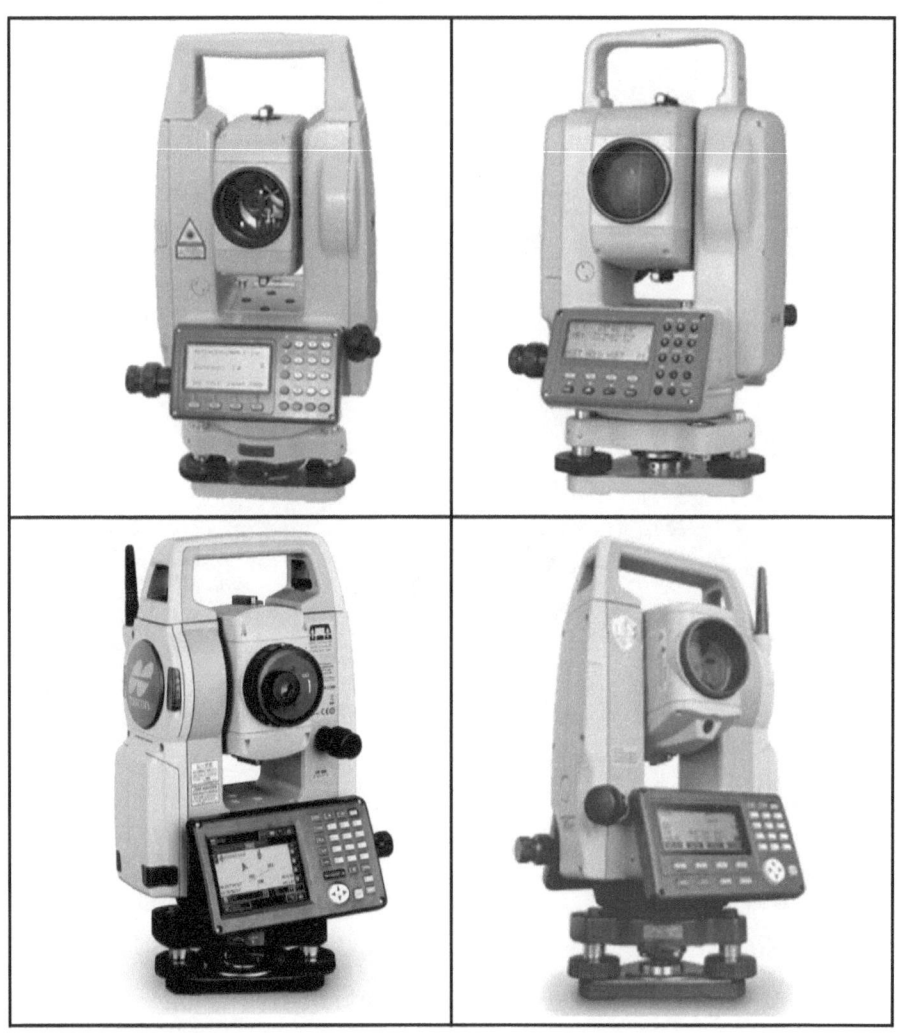

ESTRUCTURA INTERNA

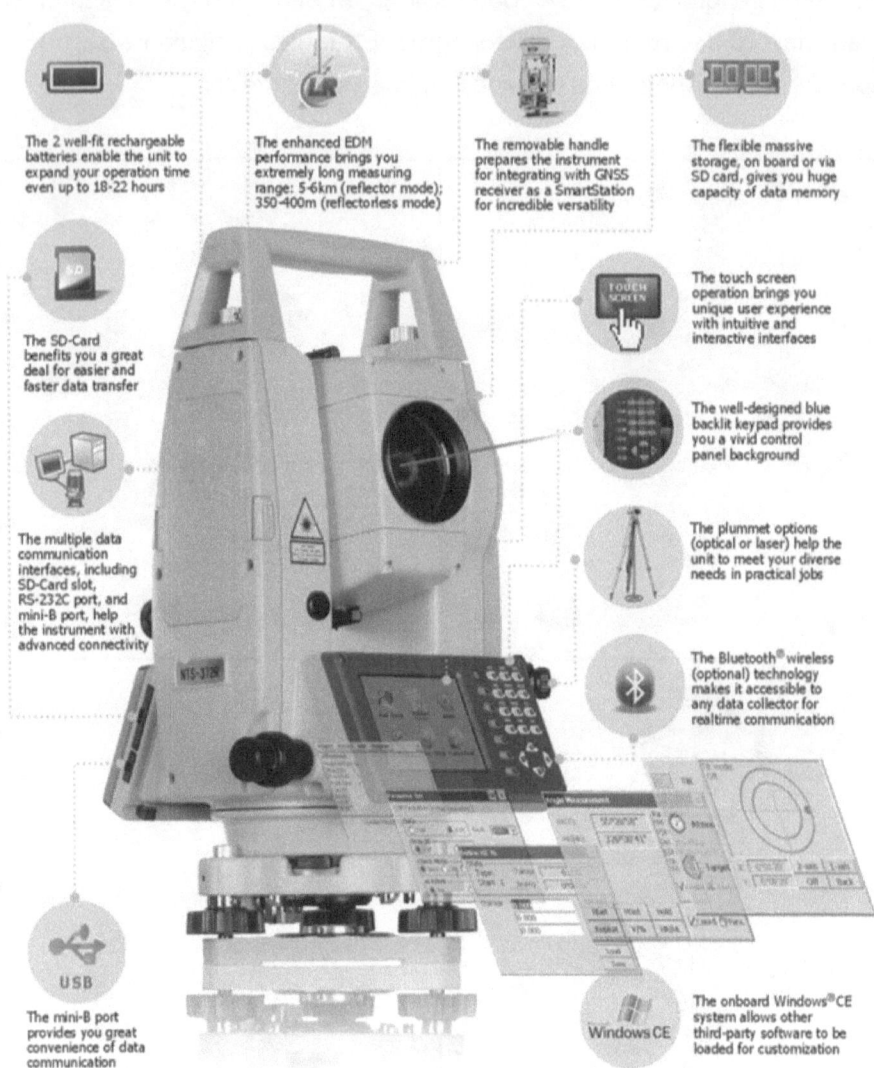

Imagen: Estación total SOUTH NTS-370R

El concepto de los instrumentos topográficos tradicionales estuvo basado en elementos óptico-mecánicos, y en estructuras con aleaciones metálicas que elevaban los costos de fabricación y el mantenimiento de los equipos; esto se reflejaba normalmente en el tamaño y el peso de los mismos.

El desarrollo tecnológico, caracterizado por el continuo avance y perfeccionamiento en dispositivos óptico-electrónicos y la incorporación de microcontroladores (PIC) y procesadores, ha invadido en los últimos años el mundo de los instrumentos topográficos.

Los sistemas de estaciones totales electrónicas en la actualidad están constituidos por 4 estructuras: el teodolito, el distanciómetro, el nivel y el colector de datos.

El teodolito está basado en 2 discos de vidrio grabados. El primero, llamado **rotor,** grabado uniformemente con marcas blancas y negras, dispuestas alrededor de la superficie. El segundo, o **disco estator** también grabado con sectores blancos y oscuros, dispuestos de tal forma que se enfrentan al grabado del disco rotor. Los discos son colocados en forma paralela y a uno de sus lados se coloca una fuente de luz (dispositivo fotoemisor) y al otro un dispositivo convertidor fotoeléctrico.

Cuando los discos coinciden en áreas grabadas con tonos blancos, la luz atravesará los discos llegando al convertidor fotoeléctrico que convierte estas seriales en 2 señales eléctricas de carácter sinusoidal.

Posteriormente, circuitos adicionales convierten las señales sinuoidales en ondas cuadradas (pulsos), las cuales son la base para determinar el ángulo que seguidamente será mostrado en la pantalla, manejado por una unidad principal (procesador), que puede ser definido como una especie de microcontrolador que controla las unidades análogas (convertidores fotoeléctricos).

Para la lectura de ángulos horizontales y verticales, maneja 2 pantallas que se encargan de mostrar la lectura de ángulos en formato de grados, minutos y segundos.

Cuenta también con un sistema de alarma y uno de compensación de inclinación, que permite controlar vibraciones y dar un rango de nivelación.

De otra parte, la medición de distancias a través del distanciómetro se desarrolla de la siguiente manera: un rayo de luz es emitido desde el distanciómetro hasta un prisma (algunas sólo requieren una superficie de reflexión de la señal); una parte del rayo es desviado internamente en el distanciómetro como una señal de referencia para comparar el tiempo de ida y vuelta. Este tiempo es convertido en distancia.

El rayo es producido en el distanciómetro por un oscilador que genera 3 frecuencias (30 Mhz, 150 Mhz y 147 Khz) para poder medir distancias grandes y con excelente precisión. Una de las frecuencias es seleccionada por una señal de control desde el chip (CPU) procesador y la luz es modulada y emitida por un LED (diodo emisor de luz) ya sea infrarrojo o láser.

La señal emitida y posteriormente retornada es amplificada y mediante un circuito mezclador, es tomada la frecuencia a 3 Khz y se rectifica la forma de la onda.

Los 3 KhZ de la señal de referencia y la señal medida (ME), son comparados con un circuito comparador, produciendo como resultado las señales ST1 y ST4; realizada esta tarea, son contados los pulsos con un contador manejado por un reloj y leído por la CPU o unidad central de proceso. La CPU combina cada una de las frecuencias y muestra las distancias. Cabe anotar que la transmisión y recepción interna del rayo son efectuadas mediante fibra óptica.

A pesar de los avances tecnológicos, las estaciones totales aún conservan elementos óptico-mecánicos como son los lentes para visualizar largas distancias, sistemas mecánicos como el movimiento horizontal y vertical, mediante tornillos especiales y la nivelación de la estación en general.

La alimentación de todo el sistema está basado en un módulo de batería conformado por pilas especiales, perfectamente acopladas al equipo.

Las estaciones robóticas, por su parte, se caracterizan por contar con un sistema de seguimiento automático mediante componentes integrales, una combinación de diodos guiados por láser y seguimiento del prisma. Cuentan además con dispositivo de velocidades para compensar las proximidades del prisma en la unidad.

FUNCIONES Y APLICACIONES

Las estaciones totales han facilitado en alto porcentaje el trabajo del topógrafo, en las tareas de levantamiento y obras de ingeniería, llevando a que los instrumentos óptico-mecánicos y la medición con cinta y jalón sean casi obsoletos, frente a la demanda de productividad y rendimiento en los diferentes proyectos.

El equipo generalmente guía al operador paso a paso, a partir de un menú que aparece en la pantalla y según el levantamiento que vaya a realizar. A continuación algunas de las principales funciones y cálculos que la mayoría de estaciones totales desarrollan:

- Medición automática de ángulos horizontales y verticales.
- Medición de distancias inclinadas desde una sola estación.
- Cálculo inmediato de las coordenadas de los puntos del levantamiento, a partir de los componentes de distancia y ángulos horizontales.
- Promedios de mediciones múltiples angulares y de distancias.

- Corrección de datos de ángulos, cuando existen errores instrumentales (no en todas las estaciones).
- Corrección electrónica de distancias medidas por constantes de prisma, temperatura y presión atmosférica.
- Almacenamiento de datos en colectores internos o externos.

Entre las más recientes novedades, en cuanto a funciones, que algunas de las estaciones totales ofrecen en el mercado mundial, podemos citar:

- Cuentan con un diodo láser (antes utilizaban un diodo de emisión infrarroja) para medir la diferencia de fase dos veces más rápido que el sistema estándar.
- Mediciones típicas entre 500 y 1.000 m, sin prisma, utilizando simplemente una superficie de reflexión de señal.
- Alcanzan hasta 6000 m con un solo prisma.
- Los sistemas de funciones pueden actualizarse adicionando diversos módulos.

Cuidados para el manejo del equipo:

- CONFIRMAR EL NIVEL DE CARGA DE LAS BATERÍAS ANTES DE UTILIZAR EL EQUIPO.
- LOS CAMBIOS REPENTINOS DE TEMPERATURA PUEDEN AFECTAR TANTO LA ESTACIÓN, COMO A LOS PRISMAS, OCASIONANDO REDUCCIÓN EN EL RANGO DE MEDICIÓN DE DISTANCIAS. EN ESTOS CASOS SE DEBE CUMPLIR CON UN PROCESO DE ACLIMATACIÓN PREVIO.
- UNA EXPOSICIÓN EXCESIVA AL CALOR PUEDE AFECTAR EL CORRECTO FUNCIONAMIENTO.
- SI LA BASE NIVELANTE ES COLOCADA INCORRECTAMENTE, LAS CORRECCIONES DE MEDICIÓN PUEDEN SER AFECTADAS.
- VERIFIQUE EL AJUSTE DE LOS TORNILLOS DE LA BASE NIVELANTE.
- EN CUANTO SEA POSIBLE UTILICE TRÍPODES DE MADERAS, LAS VIBRACIONES QUE SE PUEDAN PRESENTAR CUANDO SÉ ESTÉ UTILIZANDO UN TRÍPODE METÁLICO AFECTAN LAS MEDICIONES.
- SI BIEN ALGUNAS ESTACIONES PUEDEN TRABAJAR BAJO LLUVIAS NORMALES, EL EQUIPO NO PUEDE SUMERGIRSE EN EL AGUA.

NIVEL ELECTRÓNICO DIGITAL

Se caracteriza por su manejo digital de entrada, procesamiento y clasificación de datos. Con este instrumento se da un gran paso en los conceptos de nivelación, ya que elimina en un alto porcentaje la dependencia de observación por parte del operador. Minimiza el error humano a su mínima expresión.

EVOLUCIÓN

Los niveles digitales (o electrónicos) son el resultado de la evolución de los niveles automáticos (éstos últimos con dispositivo de autonivelación, pero sin un procesador electrónico generador de imágenes o lecturas digitales), así como del avance de la informática. Los primeros niveles digitales aparecieron a inicios de 1990; su uso en el 2012 aún es incipiente.

Los niveles dependen de la gravedad terrestre. Todos los niveles (incluyendo los digitales) aprovechan la fuerza de gravedad para determinar la dirección de la línea vertical. Utilizando una plomada, un alcohol vial, ó un compensador de péndulo se determina la dirección de la gravedad; el nivel de líneas puede establecerse colocando una línea de referencia en los ángulos rectos hacia la línea fija vertical. El compensador de péndulo ha sido usado en la nivelación automática durante los últimos 50 años, para nivelar la línea visible dentro de unos arco-segundos; en los niveles digitales se usa el mismo aparato para la nivelación, con la captura de la imagen de un código de barras que presenta los datos de medición por medio de un display. La medición se genera con un transductor de posición inductiva, de acuerdo al alejamiento de la base de apoyo del instrumento.

DESCRIPCIÓN Y CARACTERÍSTICAS

Básicamente, un nivel digital está constituido por: un telescopio, provisto de un sensor infrarrojo que lanza y capta la señal refractada del instrumento de medición o mira de invar con código de barras; un círculo de movimiento horizontal; una estructura compacta conformada a su vez por un nivel esférico (conocido comúnmente como ojo de pollo); un display de manejo externo con teclado; un tornillo de movimiento lento horizontal; un botón de toma de distancia electrónica; un puerto de acceso a una interface, que permite conectarle un colector de datos o cartera externa y con una estructura sostenida sobre una base nivelante de tornillos de precisión.

En la estructura compacta se encuentra también un software de manejo, el cual gobierna un sistema de nivelación automática, un colector de datos y un compensador de nivel automático. Su uso es recomendado para trabajos de alta precisión altimétrica en áreas no mayores a los 100 m, alcanzando una precisión del orden de +/-0,5 mm

SISTEMA ÓPTICO DE UN NIVEL DIGITAL

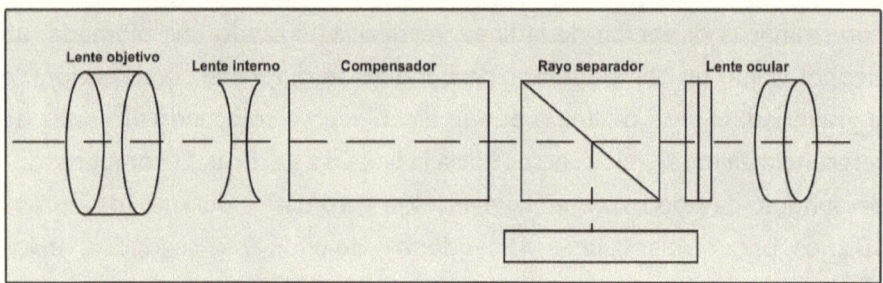

Vemos como el lente objetivo con el lente interno, enfoca la imagen de las bandas claras y oscuras del código de barras; ellos envían estas imágenes a través de un rayo divisorio hacia el ocular del instrumento y el CCD.

Aunque casi todos estos elementos son comunes para cualquier nivel óptico automático, la inclusión del CCD hace posible la captura de la imagen del código de barras para la determinación del punto horizontal.

El CCD se puede definir específicamente como un aparato opto-electrónico que convierte la luz en una carga eléctrica. La superficie del CCD está dividida en áreas discretas conocidas como pixeles. Cuando un rayo de luz le da a la superficie del CCD, se genera una carga eléctrica; cuando falta la luz no se genera carga. A través de una técnica llamada doble carga, los pixeles, con carga o por falta de ella, son leídos de la CCD y un patrón de carga correspondiente a la imagen original es almacenado en la memoria.

La diferencia más obvia entre la nivelación ordinaria y la nivelación digital, es el código de barras. Consiste en tres patrones separados: R, A, y B. Un juego del patrón R, A. y B constituyen un bloque, así que el bloque 0 consiste de R0, A0 Y B0. El bloque 1 consta de R1, A1 y B1 y así sucesivamente.

El ancho del patrón R esta fijo a 8 mm sobre el largo. Los anchos de A y B son variables y están dispuestos de acuerdo a una ecuación que garantiza la no-combinación de las barras A y B. Esto asegura que los patrones de los bloques sean únicos. Además de las fórmulas que suministran el ancho de cada barra, la distancia entre cada línea intermedia está fijada en 10 mm. Con estas dos informaciones almacenadas en la memoria se determina el punto horizontal.

El ancho de cada barra negra visible hacia el CCD, puede determinarse contando el número de bits entre la orilla de cada barra. Luego, el punto medio de cada barra se ubica dividiendo el conteo bit por 2. Como ya se conoce que la distancia entre el centro de cada barra negra es de 10 mm, se sabe cuántos bits en un CCD equivalen a 10 mm. Con esta información, la distancia entre el nivel bit y el centro de la barra negra más próxima, se puede determinar. Combinando esta información con la ubicación única del número de bloque se obtiene la altura de la línea visible sobre el suelo.

El nivel digital, a través del uso del CCD y el código de barras, puede determinar electrónicamente el punto horizontal y la altura de la línea visible sobre el suelo.

El nivel digital se ha unido con el distanciómetro y el teodolito, en la eliminación virtual de la lectura de errores y automatización en la colección de datos. Además de estar bien configurado, según las aplicaciones de la geodesia, las cuales generalmente han sido ejecutadas por instrumentos ópticos, el nivel digital está diseñado para llevar a cabo trabajos especializados.

La capacidad de velocidad, precisión y automatización de los niveles digitales, han venido reemplazando los procedimientos de nivelación manual.

FUNCIONES Y APLICACIONES

Los niveles digitales permiten de manera automática la medición electrónica y el cálculo de altitudes; cuentan con una serie de programas y un menú de guía para el usuario. Los tiempos de medición son breves y garantizan el máximo de confiabilidad en la toma de datos, su productividad puede estar por <u>encima</u> del 50%, comparados con los niveles tradicionales, pero sobre todo, total seguridad de la información.

NIVEL DIGITAL

ÁREAS DE APLICACIÓN

- Redes geodésicas.
- Redes de nivelación.
- Monitoreo de deformaciones.
- Control de grandes estructuras.
- Control en extendidos de materiales costosos.
- Topografía industrial.
- Minería y túneles.
- Todos los campos de la topografía y geodesia.

CUIDADOS PARA EL MANEJO DEL EQUIPO:

- Verificar el nivel de voltaje de la batería, antes de utilizar el equipo. Este trae adicionalmente una batería incorporada para la protección de memoria.
- Los cambios repentinos de temperatura pueden reducir el rango de medición. Es importante aclimatar el equipo antes de su uso.
- No se debe exponer por un tiempo excesivo al sol o a temperaturas extremas.
- En lo posible utilice trípodes de madera, las vibraciones que se pueden presentar durante los trabajos pueden afectar la precisión del instrumento.

ESTRUCTURA EXTERNA

Nivel NL-32 South

PRÁCTICA CON NIVEL DIGITAL Y AUTOMÁTICO

Para el desarrollo de esta práctica, se utilizaron un nivel electrónico digital DL 207 y un nivel automático NL-32 de la marca SOUTH. Básicamente se hizo la nivelación de una vía en un tramo de 200 m, con el propósito de hallar algunas diferencias entre estos dos instrumentos.

NIVEL AUTOMÁTICO

El procedimiento de instalación es muy sencillo; se arma como todos los equipos de nivelación, se verifica que se encuentre correctamente nivelado para obtener una horizontalidad y verticalidad adecuadas. Las lecturas las hace directamente el operador, quien debe tener un excelente criterio para poder aproximar los milímetros (algunas miras son milimétricas) y evitar al máximo el error al cierre.

Las lecturas obtenidas se anotaron en la respectiva cartera, identificando lectura de vista atrás, vista adelante y vista intermedia ya que, generalmente, esta información puede generar problemas a la hora de hacer el respectivo cálculo y dibujo.

La nivelación de la vía con sus ejes transversales se efectuó en 45 minutos, empleando tres personas: un topógrafo y dos cadeneros, En el tramo, que se abscisó cada cinco metros, se hicieron 70 lecturas, las cuales fueron anotadas en la cartera, en las que se describió el tipo de lectura.

Luego de terminado el trabajo se realizaron los cálculos para rectificar la nivelación. Este procedimiento duró 15 minutos y se llevo a cabo entre dos personas.

NIVEL ELECTRÓNICO DIGITAL

Los pasos de instalación son similares al nivel automático. La primera gran diferencia es que para el desarrollo del trabajo de campo sólo se necesitaron dos personas. La recolección de datos mediante la anotación manual quedó eliminada, ya que cuenta con una cartera incorporada que puede almacenar hasta 16 MB.

Otro paso que desaparece frente a la nivelación con automático, es la anotación de cotas, ya que se va rectificando el desnivel entre punto y punto.

Se pudo trabajar además con lectura directa, ya que al no cumplir con una distancia mínima, hay que anotar la lectura manual, y esta es guardada por el equipo. El tiempo total empleado fue de 30 minutos y la precisión aún mayor que con el nivel automático.

A continuación, algunas observaciones en torno al trabajo que se realizó:

- Se abscisó cada cinco metros, a lado y lado de la vía.
- Se midió el ancho de la vía para tomar un punto en el centro y dar una cota, dejando puntos referenciados.
- El nivel digital cuenta con un software interno de fácil manejo, codificado por páginas de selección y búsqueda.

- La práctica con estos dos equipos lleva a concluir que con el nivel digital se obtiene mayor rendimiento y precisión, así como menos tiempo y menos personal en la ejecución del trabajo.
- El manejo del software interno es fácil, ya que viene codificado por páginas de selección y búsqueda.
- Sólo se requirió de un cadenero, en lugar de dos disminuyendo los costos de la comisión.
- Se ahorró el paso de calcular en la oficina manualmente, puesto que por medio del programa de transferencia de datos, se generan automáticamente las carteras calculadas que quedaron listas para editar y entregar. Adicionalmente se pueden incluir datos como los BM (puntos referenciados), descripciones de los puntos y sus lecturas, de acuerdo con las necesidades-.

Experiencias dan cuenta de ser el nivel electrónico digital; tan impresionante como el GNSS.

CONTROL AUTOMÁTICO DE MAQUINARIA

Un sistema automático de control consiste básicamente en una serie de dispositivos ultrasónicos y láser, que en conjunto e instalados en una máquina permiten, mediante un control del operario, fijar los parámetros para la nivelación, excavación o precisión deseada con una precisión y rendimiento mucho más alto que los métodos tradicionales, ya sean manuales (guías) o visuales.

DESCRIPCIÓN DEL SISTEMA

Los componentes de un sistema de control automático para maquinaria (con algunas variaciones, de acuerdo con el fabricante y equipo a que vaya a ser instalado) son los siguientes:

Caja de control: se encarga de recoger los datos que recibe de los sensores y al mismo tiempo, enviarlos a las válvulas para subir o bajar la cuchilla, cuando los interruptores de mando se encuentran en posición de control automático.

Control remoto: está ubicado en las palancas de cambios de la máquina.

Válvula hidráulica: da al sistema exactitud a cualquier velocidad.

Sensor de rotación: mide el ángulo de rotación para pendientes exactas. El operador podrá rotar la cuchilla (en niveladoras) y el sistema se encarga de mantener la pendiente que seleccionamos en la caja de control.

Sensor de pendientes: obtiene mediciones hasta de un 100 por ciento.

Sensor de elevación: emplea un sistema de ultrasonidos que está midiendo la distancia a una referencia física. Este control se puede realizar sobre una cuerda, bordillo, plataforma o cualquier otra superficie.

Sensor transversal: actúa con una gran precisión, fija, corrige y mantiene estable la pendiente transversal dada a la cuchilla que se selecciona en la caja de control.

Sensor longitudinal: mide la pendiente en la dirección de avance de la máquina. Cuando la motoniveladora sube o baja, el sistema está compensado para que se mantenga la pendiente transversal deseada.

Beneficios.

Con la utilización de la tecnología de control automático en nivelación o excavación, se obtienen importantes beneficios:

- Trabajo controlado y racional de la maquinaría, aumento de rendimiento y disminución del desgaste.
- En trabajos topográficos de nivelación, es necesario únicamente el replanteo de una sola alineación (izquierdo o derecho de la capa), en lugares de la doble hilera de estacas que se colocan normalmente. Igualmente, innecesaria la colocación de estaquillas auxiliares intermedias que se colocan tanto longitudinal como transversalmente, para hacer más pequeña la cuadrícula de refino y que frecuentemente son abatidas por la niveladora. Con estas ventajas, el estaquillado auxiliar, efectuado por medio de niveles, no es indispensable y el trabajo de replanteo topográfico menor.
- En trabajos con excavadora se reduce notablemente el control sobre la pendiente, ya que el sistema permite introducir el porcentaje exacto y el riesgo de sobre-excavar o rellenar se reduce en alto porcentaje.
- La utilización de mano de obra es casi eliminada en su totalidad, así mismo, en comprobaciones intermedias. Con esto, se disminuye la probabilidad de error humano y se supedita a la correcta operación y calibrado del equipo.
- La calidad geométrica es superior. En un perfilado normal pueden existir diferencias de cota hasta de 1 cm, con este sistema estas dispersiones quedan reducidas a milímetros.
- Debido a la homogeneidad de material y rasante, la terminación o sellado de superficie es fácil y de mayor calidad.
- Al trabajar automáticamente es menor el cordón arrastrado por la niveladora, la superficie es más plana, el material más homogéneo, la profundidad afectada por el perfilado se reduce y se logra un sellado de la capa más sencillo, rápido y de mejor calidad.
- En agricultura los beneficios del control automático son importantes: manejo racional del agua utilizada en riego cuando la nivelación es precisa; drenaje eficiente al eliminar los desniveles y reducir al máximo las posibilidades de inundación de cultivos en épocas de invierno.

CAPÍTULO 7:

APLICACIONES Y SU ENTORNO

APLICACIONES

Los sistemas automáticos de control trabajan de la siguiente manera: el operador ingresa a la caja de control la elevación deseada y la pendiente o nivelación que el sistema mantendrá.

Cuando la máquina empieza a nivelar o a determinar el grado de pendiente, la información de los sensores es enviada a la caja de control, donde es comparada con los datos suministrados por el operador. Si es necesario, la caja de control envía señales de corrección a la válvula hidráulica para mover al punto indicado.

El control automático puede ser empleado en una amplia gama de equipos de construcción, ingeniería o agricultura, como son, buldócer, motoniveladora, pavimentadora. Recientemente se viene utilizando en maquinaria para minería.

TECNOLOGÍA DE PUNTA

En el control de máquinas se ha venido desarrollando la implementación del GNSS para la ubicación exacta de los puntos de interés en el terreno a intervenir.

De la misma manera, se desarrollan labores de ubicación de los puntos exactos, en donde se deberá aplicar las semillas según las necesidades del terreno.

El control de máquinas en la Ingeniería Civil o infraestructura, conlleva la aplicación de la innovación, utilizando el GNSS; fundamentalmente para su ubicación exacta de las necesidades de cortes o rellenos según sea el caso.

Para resolver problemas tan críticos como los invernales; se requiere la ubicación exacta de los límites de las rondas de los ríos; sin embargo, también es trascendental la buena puesta de los niveles de los diferentes sectores de terrenos para que el agua fluya según sus mínimas pendientes requeridas. El control de máquinas en la nivelación de terrenos con innovación, es fundamental para evitar desastres como los que permanentemente han azotado a nuestros países, en los últimos tiempos.

GEOMÁTICA Y ADMINISTRACIÓN

Tradicionalmente, el trabajo de los profesionales relacionados con la Geomática se encuentran ligados a tareas administrativas: está al frente, por lo menos de una comisión de topografía, fotogrametría, geodesia, o cualquier otra disciplina inherente; integrada generalmente dicha comisión, por tres, cuatro o más personas. Pueden tener a su cargo una infraestructura de obra que representa en la mayoría de los casos apreciables cantidades de dinero; son cabeza visible en obras de construcción, interventoría o consultoría, de la industria o la educación, y en ocasiones manejan toda la infraestructura en diferentes proyectos.

Quizá algunas de esas actividades no sean propiamente funciones de los profesionales de la Geomática, pero las condiciones particulares en países como Colombia, Perú, Panamá u otros países vecinos, les entregan tales responsabilidades.

En las siguientes páginas se tratan algunos aspectos relacionados con las tareas administrativas que desarrollan los profesionales pertenecientes al sector geomático; el estado actual de estas disciplinas y los factores que inciden en las denominadas problemáticas coyunturales de la profesión como son: las condiciones de carácter socioeconómico en que desarrolla su trabajo, los retos que hacia un futuro inmediato deberá enfrentar en todos los órdenes, principalmente en un campo tan especifico como es la apropiación de las tecnologías de punta, requisito indispensable para adentrarnos en un mundo cada día más globalizado, y en el que por supuesto, las condiciones para competir profesionalmente serán cada día más difíciles; y por último, algunos aspectos de la ética a nivel profesional y empresarial, que generan dificultades en los procesos de contratación, representación y comercialización de equipos y servicios.

ESTADO ACTUAL DE LA PROFESIÓN.

En los países de la región, como los ya mencionados, la actividad profesional ha ganado en los últimos años un reconocimiento considerable, en cada una de las diversas disciplinas: se cuenta con mejores condiciones en el ámbito académico, nuevas áreas de trabajo o procesos de acceso rápido a tecnologías de avanzada, por citar algunos ejemplos. Sin embargo, el panorama de las profesiones, merece una revisión un poco más detallada, puesto que su desarrollo aún no es el deseado.

De esta forma, el profesional en Geomática, contará con mayor capacidad, responsabilidad e ingerencia en campos tan específicos como el diseño, cálculo, y supervisión de cualquier tipo de levantamiento; la ejecución de proyectos hidrográficos o geodésicos de gran magnitud; la participación igualmente, en el análisis de información catastral, procesos de captura, producción y evaluación de información cartográfica y en su interpretación; en el análisis de la aerofotografía y todas las líneas de investigación que intervienen en el ordenamiento territorial, geodesia e información geográfica, entre otras.

EN LO ORGANIZATIVO

No existe una organización de peso en los ámbitos universitarios a los niveles nacionales. Hasta ahora se dan los primeros pasos para la consolidación de una asociación de carácter estudiantil. Algunas de las ciencias que componen la Geomática, han servido para fortalecer a sus profesionales.

EN EL CAMPO DE LAS TECNOLOGÍAS

Podemos decir, que la llegada de las nuevas y avanzadas tecnologías, es lenta y si bien es cierto que en muchos eventos su aplicabilidad se conoce a tiempo, la adquisición es incipiente, debido fundamentalmente al factor económico fundamentalmente.

ADMINISTRADORES POR TRADICIÓN

¿Es válido decir que paralelamente a su actividad principal, el profesional de la Geomática realice tareas administrativas? Seguramente que no, pero como se anota al inicio de este tema, las particulares condiciones en que desarrolla su profesión lo llevan a que no sea de otra manera. Es bueno anotar que esta dualidad no es exclusiva del cartógrafo, fotogrametrista, topógrafo, el geodesta u otros similares.

Las tareas administrativas van desde los procesos de organización, planeación y ejecución en grandes y pequeños proyectos, hasta el diseño de infraestructuras de carácter empresarial.

En el caso particular de los países del área, existen alrededor de 3500 empresas dedicadas a manejar el tema de la GEOMÁTICA; de esta cifra, el 85% aproximadamente, son gerenciadas por los mismos profesionales del sector. Esto significa que las políticas administrativas recaen en un profesional, que lamentablemente no cuenta con la suficiente formación académica para responder favorablemente a unos requerimientos ajenos a su perfil. No se conoce una cifra exacta, pero seguramente un alto porcentaje en este sector no cuenta con verdaderas infraestructuras empresariales; su organización es más cercana al concepto de microempresa, resultante esto último, de factores como por ejemplo, una cantidad apreciable de trabajos, y del ejercicio profesional atomizados a lo largo del país; los centros de la ciencia son los llamados a fortalecerlos.

De otra parte, el profesional de la Geomática, va creando una cultura de adquisición lenta y sistemática de las herramientas de trabajo, ocasionada por una escala de necesidades y altos costos de los equipos. Surge así el pequeño empresario, con una infraestructura frágil para enfrentar las exigencias cada vez mayores, en uno de los mercados más competitivos: oferta de servicios, prestación de asesorías, subcontratación o comercialización de equipos.

HACIA EL DESARROLLO DE LA PROFESIÓN

La distancia entre los llamados países industrializados y los países en vía de desarrollo es cada día mayor. Las causas, entre las muchas que se citan, van desde lo económico, pasando por lo político, y lo tecnológico; este último aspecto, el de mayor interés, quizá porque una de las formas de medir el grado de desarrollo de una nación es su nivel de apropiación real de las tecnologías, generalmente confundida con el manejo o conocimiento de la existencia de las mismas.

Pero para llegar ahí, es necesario cumplir una serie de etapas, recorrer un camino que por muchos años se ha descuidado, y que se convierte, así muchos lo quieran obviar, en la verdadera ruta hacia el desarrollo, entendido como lograr cada día de nuestra calidad de vida en todos los órdenes.

LA GLOBALIZACIÓN

Los procesos mundiales de integración en la economía o en la información, por citar algunos ejemplos, son cada día de mayor trascendencia y no pueden ser ajenos al ejercicio profesional. Los profesionales, las agremiaciones, los empresarios, todos, deben comprender el significado y las reglas de juego que plantea la palabra globalización.

De ahí que desde la misma formación académica, el concepto globalización debe adquirir un particular significado: saber afrontar con herramientas válidas las condiciones que la libre competencia e integración mundial, generan.

Por su privilegiada posición geográfica, por ejemplo, Colombia debería ser realmente la puerta de oro al sur del continente (y a fe que hemos avanzado en los últimos cinco años), y aprovechar de una manera más efectiva las ventajas que esto conlleva para ejercer un papel de liderazgo. En este aspecto, el país está en mora de adoptar una verdadera estrategia en el campo comercial, económico y cultural, que le permita romper con los esquemas domésticos propios de nuestra cultura, para conocer y saber conjugar las leyes de oferta y demanda.

La globalización plantea asumir liderazgo, entender que los intercambios que ofrece este modelo en el mundo van más allá de los productos tangibles, que incluyen también, servicios profesionales, mano de obra, producción artística y sobre todo, capacidad e ingenio.

Una ilusión del autor, es que los países puedan, a corto plazo, fortalecer los TLC; que al lado de economías fuertes como las de Canadá, USA o México, se tenga una nueva y efectiva posibilidad de intercambio y total integración, mas allá de lo comercial; llegando al verdadero intercambio profesional y en este caso, a un verdadero intercambio y acceso a los sectores geomáticos.

GEOMÁTICA: TECNOLOGÍAS DE PUNTA

Las crisis, y esto es una convicción personal, traen también una serie de oportunidades; el camino para encontrarlas no es otro que triplicar los esfuerzos: cada profesional, cada empresario, todos, sin excepción, trabajando para encontrar soluciones. Hay que mirar las oportunidades que otros países puedan ofrecer. Tampoco es una tarea fácil, pero se deberán aprovechar mercados y espacios que países no tan cercanos al país del norte, y con condiciones menos favorables que las nuestras, están aprovechando. No es pretender desplazar o buscar oportunidades donde otros ya las han copado; es hallar esos nichos, ese lugar aún existente donde el colombiano, el panameño o el peruano, puedan llegar y hacer realidad, con capacidad, sus ilusiones. Por ejemplo: **"Miami, o el sur de La Florida, deberían ser, en un futuro cercano, las mejores ciudades de los países andinos"**.

ACCESO A NUEVAS TECNOLOGÍAS

Sería poco realista desconocer las particulares y difíciles condiciones que al momento de escribir estas líneas, rodean las naciones; igualmente, poco sensato desconocer que tales condiciones se convierten hoy en el mayor obstáculo en hallar alternativas de acceso más efectivo a las tecnologías de avanzada. Esto no significa que no se deba plantear un marco de referencia para llegar a tal fin.

MEJOR NIVEL DE REMUNERACIÓN

Es indispensable que tanto el sector estatal como del privado, garanticen al profesional de la Geomática un verdadero reconocimiento y respeto a su trabajo. Los bajos niveles de ingreso, originados entre otras razones, por una alta oferta, frente a una reducida demanda que reflejan las dificultades que mantienen postrada la actividad. Allí se originan también los actos de deslealtad, los severos cuestionamientos a la libre competencia y diversos procederes que se manifiestan en la debilidad en hacer cumplir las normas legales en vez de ejercer un control eficaz.

RECONOCIMIENTO

Se hace indispensable que los profesionales del sector tengan acceso a verdaderos cargos de dirección, gerenciales, como son por ejemplo: Ministerios, Secretarías de ministerios, relacionados al sector, Oficinas de Planeación o Valorización, Institutos de Desarrollo Urbano, Alcaldías y Gobernaciones, Direcciones, Institutos Geográficos, Catastros, e inclusive las Presidencia de las Repúblicas; en fin, en donde puedan realizar esfuerzos efectivos por el reconocimiento a un estatus acorde con su papel en el desarrollo de los países.

INTEGRACIÓN EN TODOS LOS ÓRDENES

No es suficiente con la existencia de un buen número de asociaciones; todas con excelentes intenciones y objetivos para el desarrollo de las actividades profesionales; tampoco la realización esporádica de algunos encuentros, o seminarios; hay que propugnar por una disciplina, un rumbo y unos logros a mediano y corto plazo. Despertar de alguna manera el "dragón dormido", propender por adquirir una verdadera conciencia de asociación gremial. El profesional, que aún sigue siendo nómada, no hace esfuerzos por consolidar sus oportunidades; algunos pocos aún no conocen el verdadero alcance de la profesión.

REGLAS DE JUEGO CLARAS

En temas como son: la inexistencia, conocimiento o claridad, en torno a un código de ética que se ajuste al ejercicio profesional; la competencia desleal que lleva a algunas empresas a usufructuar los esfuerzos de otras, esgrimiendo de una manera amañada el derecho a la libre competencia; la cadena de trabas de orden burocrático que ciertas entidades oficiales presentan. Todo esto demuestra a las claras que el ambiente para el desarrollo de la actividad, es difícil, empero, posible.

DISCIPLINA ACADÉMICA

Que se rompa el esquema de la línea facilista de cumplir o evadir objetivos. ¿Qué clase de profesionales están formando nuestras facultades? sin duda unos profesionales que se ajustan a las condiciones de nuestros países. Erróneamente se nos acusa de no tener una cultura o una disciplina de trabajo; claro que la tenemos: caótica, siempre por el camino del menor esfuerzo, la menor preparación, mucha improvisación y poca responsabilidad; algunos la llaman la herencia que la historia nos ha dejado, pero indudablemente, es una herencia que con el paso de los años nos arruina cada día más. La pobreza en estos países no es sólo de recursos, lo es también de acciones y de mentalidad.

La universidad, poco o nada se parece al campo de formación científica que debería ser. El profesional, objetivo primordial de la institución, apenas alcanza a tomar allí algunas bases que le servirán como herramientas mínimas. La verdadera formación y aprendizaje la va a encontrar fuera de la universidad. Indudablemente esto lleva a pensar que las instituciones deben trabajar más decididamente para que el estudiante tenga la opción de hacer diferentes prácticas en su carrera y que logre en el transcurso de ésta visualizar un futuro mejor.

Si en mis manos estuviera plantear algunas políticas de carácter académico, no dudaría en trabajar bajo la siguiente premisa: el estudiante debería encaminar sus esfuerzos con plena libertad en cada materia, pero con una condición: que ese trabajo lo desarrolle bien, llámese en imágenes satelitales, sistemas de información geográfica, ordenamiento territorial, geodesia o topografía. Qué bueno sería que el estudiante adelantara el ordenamiento territorial de su barrio o de su municipio. Ahí, hay una excelente oportunidad de realizar buenos y sobre todo prácticos proyectos; empero, sin descartar su formación en ciencias sociales: psicología, sociología, humanidades, etc.

Pero todo esto se logra con una retroalimentación en compromisos. La disciplina toca aspectos aparentemente tan domésticos como el respeto por el tiempo de una clase, tanto en su inicio como en su finalización (se debería ser exageradamente puntual), o la publicación en las fechas acordadas de una nota de evaluación, que sirven para ir moldeando una disciplina, un respeto por los compromisos, tanto de unos como de otros. Son pequeños detalles, para muchos intrascendentes, pero que nos ayudan a comprender en dónde se originan las fallas de nuestra frágil estructura educativa.

LA INVESTIGACIÓN

Es un objetivo, una condición, y debe ser un compromiso fundamental para comprender el verdadero valor de este concepto. No existirá una real apropiación de tecnologías sin cumplir requisito de efectuar investigación. Tanto el Estado, sector académico, como el profesional, tienen el reto de impulsar tarde o temprano la creación de laboratorios de investigación y dar los primeros pasos. Si esta alternativa no es asumida como una necesidad urgente, pasará otro siglo y continuaremos con el falso concepto de creernos países en vía de desarrollo y este rótulo ya no será una esperanza sino un estigma. El fortalecimiento de la ciencia, la tecnología, la ingeniería e innovación, apenas comienza.

ÉTICA Y LEGALIDAD

La aparición de nuevas tecnologías, el desarrollo de la informática, las comunicaciones, la globalización y apertura económica en el mercado mundial, son temas que tocan directamente a todas las disciplinas científicas y sociales.

La primera impresión es que hablar de ética resultaría un tema tan subjetivo y aparentemente de poco interés frente a las connotaciones, que los avances en todos los órdenes, trae este nuevo siglo. De ahí se desprende un interrogante: ¿Así como los procesos y las tecnologías modifican y actualizan conceptos en todos los campos, no será necesario actualizar y adecuar esa visión de la ética, si queremos que aún mantenga su validez y sobre todo su permanente aplicabilidad?... Debería ser así, ese viejo y caduco concepto de una ética que separa radicalmente unas acciones de otras, condenando o aceptando, merece ser revisado. La ética o la ausencia de ella, se quiera o no, se ha convertido en un tema que toca directamente con los intereses individuales o de pequeños conglomerados.

A continuación, algunos comentarios sobre ciertos comportamientos o acciones en la actividad profesional, que tocan con este debate de la ética, ya que están relacionados principalmente con la actividad empresarial, campo en que el autor se ha desempeñado desde hace más de 30 años. El objetivo no es generar polémica o abrir una estéril discusión; simplemente dejar unos interrogantes y planteamientos, que espero, hacia un futuro, tengan respuesta.

Trampa rencia

1. Zancadilla
2. Un mismo día y horas
3. Ser o no ser
4. Laundry
5. Premio, además de pago

LUCHA CONTRA LA CORRUPCIÓN, APLICACIONES DE LA INGENIERÍA MUNDIAL.

El GIACC (por sus siglas en inglés, es el centro global de anti-corrupción en la infraestructura). Es una importante institución británica, que con diferentes instituciones desarrolló la norma BS10500; que se refiere al soborno como medio de corrupción. El GIACC está en conversaciones para convertirla en una norma ISO con el apoyo de FMOI (Federación Mundial de Organizaciones de Ingeniería). Esta sería una excelente labor en contra de la corrupción a nivel mundial: concreta y específica.

Los programas contra la corrupción: la corrupción se puede prevenir si los principales dirigentes de la industria deciden poner en práctica contra la corrupción sistemas de gestión, como una parte integral del gobierno, corporativo y de gestión de proyectos. La lucha contra la corrupción de gestión, debe jugar un papel similar al de la seguridad y la gestión de calidad. Al igual que los accidentes en obras de construcción, que se reduce al mínimo mediante la aplicación efectiva de la formación en gestión de seguridad, inspección y observancia, por lo que la corrupción puede ser minimizada mediante la aplicación de tratamientos eficaces contra la corrupción, la formación, lucha contra la corrupción e inspección. La GIACC ha desarrollado programas contra la corrupción de gestión, en:

Departamentos de Gobierno:
http//www.giaccentre.org/governments.php~~HEAD=NNS

Los financiadores:
http://www.giaccentre.org/funders.php

Los propietarios del proyecto:
http://www.giaccentre.org/projecto_owners.php

Las empresas
http://www.giaccentre.orgn/project_companies.php

Estos programas están disponibles de forma gratuita en el sitio web del GIACC en el enlace de arriba. Estos programas deberán adaptarse en función del tamaño de la organización y la naturaleza de los proyectos de los cuales se obliga.

Como parte de su estrategia de aplicación de lucha contra la corrupción, la institución puede recomendar a los departamentos gubernamentales, financistas, dueños de proyectos y empresas que adopten sistemas del tipo descrito en la página web del GIACC, o sistemas equivalentes desarrollados por la institución.

La certificación de los programas contra el soborno: en noviembre de 2011 la British Standards Intitution - BSI pública la norma BS 10500 que es el sistema de gestión para combatir el cohecho. La BS 10500 está destinada a ayudar a una organización para implementar un sistema eficaz de lucha contra la corrupción del sistema de gestión. Se puede utilizar en el Reino Unido e internacionalmente. La BS 10500 será útil para las organizaciones puesto que les ayudará a proporcionar seguridad a la junta directiva y a los accionistas de una organización, ya que se han implementado las mejores prácticas contra el soborno. Giaccentre.org.

MONOPOLIOS Y CONTRATOS DE EXCLUSIVIDAD

La exclusividad en la representación de marca debe respetarse porque es una medida sana, encaminada fundamentalmente a no permitir que se saque provecho del trabajo y esfuerzo por el buen nombre e imagen de un producto, que a lo largo de muchos años una empresa ha construido. Cuando aparecen en el mercado personas o grupos realizando maniobras que afectan el buen nombre, tanto del representante como de la marca, creando confusión, se están cometiendo actos de competencia desleal.

Resulta incompresible también, que un profesional al momento de retirarse de una compañía, su primer "acto de gratitud" sea iniciar una competencia con los servicios o las mismas marcas de productos de su anterior empresa. Hay que rechazar esta actitud, porque no puede ser considerada como una sana estrategia de mercado, mucho menos como un libre derecho al trabajo y a la libre competencia. Creo que los gremios y las asociaciones en el país están en mora de sentar una firme posición frente a estos actos.

Es interesante, a propósito de este tema, una anécdota: "en alguna ocasión, me reuní con un ingeniero que trabajaba para una importante firma representante de equipos geomáticos, y de la cual estaba a punto de retirarse, al momento de preguntarle cuantos productos electrónicos creía que existían en el mercado mundial, respondió que muchos, quizá miles". Ante esa respuesta, le manifesté que si eso era así, no existía razón para que al momento en que una persona se retirara de una compañía, su primera intención fuera incursionar en el mismo grupo de marcas y productos de su anterior empresa, alrededor de 50 productos de electrónica, existiendo un universo tan amplio, o al menos que buscara otro lugar geográfico para hacerlo, sin usufructuar la imagen, el prestigio y el reconocimiento, tanto de la compañía, como de la marca; ante ese comentario, estuvo totalmente de acuerdo y llegó a expresar que 'nunca haría algo en contra de la ética'. Efectivamente, eso fue lo que hizo, a los pocos días de dicha conversación, ir en contra de la ética.

Estas consideraciones, llevan a pensar que la ética debe ir muy de la mano de los aspectos legales; sin embargo, existe en ciertas situaciones una dificultad para calificar los comportamientos, que como anotaba, parecieran ser (erróneamente), problemas muy focalizados, que escapan al interés general, cuando la verdad, es que debería ser preocupación de todos los que en algún momento pueden verse afectados por situaciones de esa naturaleza.

La ética, sin duda, continuará por mucho tiempo (ojalá por siempre) teniendo como uno de sus fundamentos el principio de la buena fe, consagrado en todas las leyes y códigos del mundo; esto no significa que la globalización de los desarrollos, la inmediatez que garantizan los medios electrónicos de información o el acceso a fuentes a través de Internet (creando nuevas condiciones para los usuarios de muchos productos), obliguen a replantear aspectos que hasta ahora no habíamos contemplado. Ahí está el reto, no de unos pocos que en algún momento se puedan ver afectados, sino de todos los componentes de una profesión que así como avanza, tiene también la obligación y el compromiso de mantenerse dentro de unos parámetros que garanticen su subsistencia, pero una subsistencia sobre todo digna y honesta, sin agredir los espacios a los que todos tenemos derecho de acceder.

Gremios tan importantes como por ejemplo, la Sociedad Colombiana de Ingenieros, han venido trabajando el tema anticorrupción conjuntamente con la Presidencia de la República y con otras entidades. Colegas como el Ingeniero Jaime Santamaría Serrano han venido liderando procesos tan importantes como el que lleva muy adelante el gobierno inglés, o mejor el gremio respectivo de la República Inglesa, y es precisamente el poner en marcha un sistema similar a los denominados ISO, para que todos nos vinculemos a la obligatoriedad de poner en marcha estos procesos anticorrupción. A continuación se indican otros portales en los cuales se obtienen amplia información sobre numerosas herramientas de gran utilidad en la prevención y la lucha anticorrupción; porque "la corrupción es endémica y erosiona la fe en los sistemas políticos e impone altos impuestos sobre su economía".

tomada de http://www.giaccentre.org

LINKS:
- La Sociedad Colombiana de Ingenieros, donde está el link de Probidad, en el portal http://www.sci.org.co
- La American Society of Civil Engineers, donde está la presentación de la película Ethicana, en el portal http://www.ethicana.org
- La Academia Panamericana de Ingeniería, donde está el Código de Ética y el Comité Anticorrupción, en el portal http://www.apingenieria.org.

CONCLUSIONES

- Se comienza a hablar de Geomática en la región, a partir del año 2000.

- El proceso de apropiación tecnológica ha sido lento, teniendo como mayores limitantes. La sensibilización del termino; el económico y el de decisión política para socializarlo.

- El desarrollo de Mapas Tenenciales y la medición de tierras es incipiente en estos países. Por lo tanto, su puesta en marcha total, es inminente.

- El fenómeno invernal en Colombia y países vecinos, deja graves problemas, que plantea retos importantes al sector Geomático. Cambiamos, o nos cambian.

- La dispersión y repetición de trabajos, ha sido una constante en el desarrollo de las diferentes disciplinas Geométricas. Es el momento de la Integración total de la Información.

- Los procesos de integración, de compartir información y de avanzar en proyectos de gran envergadura es un objetivo a corto y mediano plazo.

- Hay que invitar a los gobiernos a que generen verdaderos proyecto Geomáticos.

En resumen:

La Geomática es una disciplina integradora de las ciencias y tecnologías de avanzada, relacionadas con el conocimiento físico de la tierra. Se originó en el Canadá hace más de dos décadas, pero en países como los nuestros su conocimiento y aplicación es aún incipiente. Esta disciplina se encuentra directamente relacionada con los procesos digitales de automatización y control, las tecnologías satelitales y la informática, que día a día permite desarrollar softwares más completos y la Internet.

Los Sistemas de Información Geográfica, SIG (herramienta en constante desarrollo), de alguna manera, podrían considerarse como un administrador de la Geomática, en la medida en que sus procedimientos de aplicación tienen similitud con las tareas propiamente administrativas. El SIG, hacia un futuro cercano, tendrá aplicaciones más allá del campo geográfico y no es desacertado pensar, que en áreas como la contabilidad o la administración, por ejemplo, jugará un rol determinante.

La teledetección espacial, con instrumentos como sensores ópticos, radares interferométricos o las cámaras aéreas digitales y Lídar. Garantizan un cubrimiento global y preciso de la superficie terrestre. Esta tecnología tiene como único inconveniente el limitante económico por los altos costos de su utilización, pero se espera que en un futuro cercano las entidades estatales y privadas unan esfuerzos y reduzcan la multiplicidad y repetitividad de trabajos para acceder de una manera más amplia a este sector.

La fotogrametría digital, principalmente la ortofoto, se constituye en herramienta de primera mano para los trabajos de tratamiento de imágenes satelitales digitales y fotografías en la producción cartográfica.

En los últimos años la mayor novedad en el campo del posicionamiento satelital con GNSS, ha sido la constante búsqueda de mayor precisión y cobertura; así como nuevos y diversos campos de aplicación. Posicionamiento en tiempo real, aplicaciones en oceanografía, apoyo en trabajos satelitales y de maquinaria para construcción, entre otros, son algunos de los muchos espacios en que el GNSS tiene validez.

Con la automatización y digitalización de los instrumentos topográficos, se facilita y mejora la calidad de los trabajos topográficos y geodésicos. Las precisiones, ya milimétricas, garantizan altos niveles de confiabilidad y seguridad en las obras de ingeniería; con la robótica aplicada a estos instrumentos, el control y operación de los equipos se convierte en algo espectacular, al controlarlos desde el escritorio.

El Software en Topografía vino a revolucionar las tareas de captura, diseño y producción de imágenes topográficas, que durante décadas generaron la inversión de tiempo y esfuerzo considerable.

El radar aerotransportado interferométrico tiene ventajas extraordinarias para realizar, centimétricamente, la cartografía de un país, en un corto tiempo. Cuál es el problema? su alto costo y la incapacidad de nuestros directivos para implementarla. De ahí que las instituciones deban realizar trabajos en conjunto, y así obtener ventajas en la relación costo - beneficio.

Al considerar la Geomática como un cerebro digital de la tierra se destaca:

- La integración profesional de las ciencias de la Geomática, es necesario ponerla en marcha en forma inmediata a nivel nacional, en cada país; por conducto de subcomisiones.
- Obtener convenios intergubernamentales sobre Geomática, como el firmado entre Chile y Canadá. Mas no sólo con Canadá, sino con Australia, Francia, España y otros países.

- La industrialización de la Geomática, por los excelentes cambios tecnológicos, de dramática innovación, hace que el mundo tenga que despertar al respecto.

La Geomática, como un conjunto de tecnologías, no tiene desventajas más allá de los aspectos puramente económicos; sin embargo, esta situación se debe a la falta de una institución en cada país con verdadero liderazgo.

En los países en vía de desarrollo, la aplicación de la tecnología de punta es difícil, porque el problema de fondo, más allá de la falta de recursos, es la corrupción, la ineficiencia y la falta de integración del estado o sus instituciones, veamos:

Cada entidad pretende hacer su trabajo en forma independiente, como si las instituciones fuesen particulares, y en muchos eventos, es necesario que el estado se maneje como tal; pero para el manejo de la tecnología de punta no.

Los diferentes ministerios e instituciones gubernamentales (Ministerio del Medio Ambiente, Catastro, titulaciones de tierras, e institutos geográficos, por ejemplo), no comparten sus informaciones, y en muchos eventos, realizan duplicidad de trabajos que implican perdidas de grandes sumas de dinero. De la misma manera, al no realizar trabajos en conjunto, se aplica el viejo principio de "sálvese quien pueda" en detrimento de la economía nacional.

Los países del área como Colombia, Perú y Panamá, deberían tener la capacidad de organizar una institución que sea verdaderamente líder en geomática. Es necesario conformar en cada país una institución de estas características, que al momento en que otras entidades requieran información geográfica de diversa índole, ésta se la suministre. En fin, es imprescindible un verdadero liderazgo organizativo, desafortunadamente los existentes hasta hoy, no han tenido esa capacidad.

GEOMÁTICA: TECNOLOGÍAS DE PUNTA

Con el mosaico tecnológico que trae la geomática, los profesionales de estas áreas tienen un enorme reto: prepararse mejor, actualizar permanentemente sus conocimientos y sobre todo, ser más visionarios y partícipes de las realidades y de los compromisos que la modernización instrumental conlleva.

GLOSARIO

C/A: (adquisición con interferencia) código de ruido seudoaleatorio que modula la señal de la portadora Ll.

CCD: instrumento opto-electrónico de carga doble que convierte las ondas de luz en una carga eléctrica.

DIOPTRA: Clásico instrumento astronómico y de estudio.

DOPPLER: variación en el tono de la frecuencia de la señal emitida por los satélites, debido a su desplazamiento.

DTL: cintas lineales digitales con capacidad de 20 GBytes.

ESCANEAR: digitalización de imágenes, transformándolas a un formato ráster.

ETM+: sensor del satélite LANSATD 7, llamado Estereomapeador Temático.

FAJA: ancho de la franja del terreno en la toma aérea de imágenes.

GEOMÁTICA: es un término científico moderno que agrupa las áreas de cartografía, geografía, e información del espacio y espacial.

GLONASS: (Sistema Global de Navegación por Satélite), constelación de posicionamiento satelital rusa.

GNSS: Sistema Global de Navegación por Satélite.

GPS: Sistema de posicionamiento global (norteamericano).

HVR: sensor multiespectral de alta resolución visible.

IMAGEN DIGITAL: red rectangular de celdas donde cada una tiene un valor, que en conjunto representan un objeto real.

INFORMACIÓN ESPACIAL: conjunto de datos georeferenciados y bases de datos matizados en entornos virtuales.

INS: Un sistema de navegación inercial.

INTERFEROMETRÍA: técnica de interferencia entre dos haces de radiación electromagnética modulada en impulsos para aumentar la resolución en una imagen.

LIDAR: determina la distancia desde un emisor láser a un objeto o superficie.

MAPA TENENCIAL: El Mapa Tenencial representa la fase inicial del mapa catastral urbano, antes de la mensura de los predios por los equipos de topógrafos. Permite conocer la tenencia de la tierra a ser objeto de la mensura posterior y permitir así racionalizar los costos del barrido con fines de regularización.

MOSAICO: unión de ortofotos formando planchas cartográficas.

MDT: modelo digital del terreno MED: modelo digital de elevación.

NAVEGADOR: receptor de posicionamiento de una frecuencia.

NAVSTAR: (Navegación por Satélite en Tiempo y Distancia) constelación de posicionamiento satelital de Estados Unidos.

NIVELACIÓN DIGITAL: lectura de la altimetría de manera numérica con instrumento digital

ORIENTACIÓN: ajuste al modelo estereoscópico donde se aplican correcciones y se escala la fotografía.

ORTOFOTO: imagen fotográfica corregida geométricamente.

PIXEL: mínima unidad de una imagen digital ráster.

PORTADORA: transmisor de microondas para enviar mensajes y señales de un satélite a los receptores GNSS.

POSICIONAMIENTO: proceso de obtención de coordenadas para un punto cualquiera sobre la tierra.

PROYECTO GALILEO: sistema de posicionamiento global que planea implementar la Unión Europea.

PZ-90: Sistema geodésico de referencia ruso, por el que están definidas las coordenadas orbitales de los satélites de la constelación GLONASS.

RADARMETRÍA: técnica de mapeo topográfico por medio de imágenes de radar.

RESTITUIDOR: instrumento utilizado en la transformación de datos de imágenes a productos cartográficos.

SAR: técnica de radar de apertura sintética.

SENSORES: dispositivo instalado en una plataforma aérea o espacial, para captar la energía radiante de un cuerpo sobre la superficie terrestre.

SEUDODISTANCIA: diferencia entre el tiempo real y el dato leído por el sensor, debido al desplazamiento del satélite.

SIG: sistema de información geográfico.

SINERGISMO: proceso mediante el cual se puede trabajar con imágenes provenientes de más de un sensor.

SPUTNIK: primer satélite lanzado al espacio en 1957 por la antigua Unión Soviética.

TELEDETECCIÓN: técnica de reconocimiento de objetos a distancia.

TRANSIT: sistema de navegación satelital, puesto en marcha por la marina norteamericana en 1965.

TRIANGULACIÓN: proceso trigonométrico sobre imágenes aéreas para la homogenización de una ortofoto.

WGS84: El WGS84 es un sistema de coordenadas geográficas mundial que permite localizar cualquier punto de la Tierra (sin necesitar otro de referencia) por medio de tres unidades dadas. WGS84 son las siglas en inglés de World Geodetic System 84 (que significa Sistema Geodésico Mundial 1984).

Cabuya	Brújula	Transito

Teodolito	Distanciómetro	Estación total

Transit	GPS	Estación Robótica

GNSS	Radar interferométrico	Lidar

BIBLIOGRAFÍA

AEROSENSING RADAR SYSTEME. Alemania. 1998. 56 p.

ARIZA LÓPEZ, Francisco Javier. Reproducción Cartográfica. España. 1 Ed. Universidad de Jaén. 1999.

ASOCIACIÓN DE ESPECIALISTAS EN PERCEPCIÓN REMOTA Y SISTEMAS DE INFORMACION GEOGRÁFICA. Memorias seminario de sistemas de información geográfica. Bogotá. GAIA. 1999. 111 p.

CHUECA PAZOS, Manuel y otros. Tratado de topografía 1: Teoría de errores de instrumentación. Madrid. Paraninfo. 1996. 516 p.

COMAS VILA, David. Las nuevas aplicaciones de los sistemas de información geográfica. Barcelona. Documento. Universidad de Girona. 1997.

DORF C., Richard. Concise international encyclopedia of robotics aplications and automation. USA. Willey–Interscience Publication. 1998.

FERNEL FERNÁNDEZ, José Fernando. Breves comentarios sobre la motoniveladora CAT-16G, Provista de sistema ultrasónico de nivelación. España. 1997.

GEO EUROPE. What's new in airborne digital sensors?. May 2000. 34 -37 p.

INSTITUTO GEOGRÁFICO AGUSTÍN CODAZZI. Conceptos básicos sobre sistemas de información geográfica y aplicaciones en Latinoamérica. Bogotá. Gráficas Colorama. 1995.

LARIS CASILLAS, Francisco Javier. Administración integral. México D. F. CECSA. 1980. 329 p.

SOCIEDAD CARTOGRÁFICA DE COLOMBIA. Revista de Cartografía. Bogotá. Febrero 1998 y julio 1999.

WOLF, Paul R. y BRINKER, Russel C. Topografía. México D.F. Alfaomega. 1998. 834 p.

- **SITIOS EN INTERNET**

ASOCIACIÓN CANADIENSE DE GEOMÁTICA: www.cig-acsg.ca

DEFINICIONES DE GEOMÁTICA: www.jalisco.gob.mx/institutos

GEOLAS CONSULTING. Laser altimetry: www.geolas.com/pages/laser.htlm

GEOMATICS: www.geocan.ncr.gc.ca

GRUPO ATLAS. Teledetección: www.grupoatlas.com

HOLANDA BLAS, María Paz y BERMEJO ORTEGA, Juan Carlos. GNSS<fc

GLONASS: Descripción y aplicaciones. Madrid. 1998. 64 p.

INSTITUTO GEOGRÁFICO NACIONAL. España: www.mfom.es/ing/geomatica/geoma-l.htm

J. ATIENZA'S. Home Page, El GNSS: http//personal3.iddeo.es/atienz

L H SYSTEMS: www.ih-systems.com/news/product-news .html

GEOMÁTICA: TECNOLOGÍAS DE PUNTA

RADARSAT INTERNATIONAL: www.incom.cl/incomradar.htm

SAP. Procesos fotogramétrico digital: http//virtuozo.com.mx

TELEDET. Percepción remota satelital: www.teledet.com.uy

THE UNIVERSITY OF MELBOURNE. History of geomatics: http://webrant.its.unimelb.educ.au

TOPOEQUIPOS S.A. http://www.topoequipos.com

WIESMANN-ROLLE.Fotogrammetrie- geomatique: www.wiesmann.rolle.ch/info/geomatic-e.htm.

WIKIPEDIA - La enciclopedia libre. http://www.wikipedia.com

Imagen: Nasa

En marzo del 2012 New Horizons atravesó la órbita de Urano. Tiene previsto llegar a Plutón y sus tres satélites -Caronte, Hidra y Nix- en julio de 2015. Sin embargo, no va a orbitar en Plutón, sino que lo sobrevolará y, tras tomar fotos y observaciones detalladas, se dirigirá al borde del sistema solar, al cinturón de Kuiper, que está compuesto de asteroides y otros cuerpos, los llamados objetos transneptunianos.

www.ingramcontent.com/pod-product-compliance
Lightning Source LLC
Chambersburg PA
CBHW032009170526
45157CB00002B/608